# 普通免許 受験ガイ

普通免許は、満年齢が18歳になれば、基本的には誰でも受験することができる。
本書でしっかりと勉強し、みごと1回で合格できるようにがんばろう。

※試験場によっては、事前に予約が必要なところがあります。あらかじめ確認しましょう。

## 受験資格

### 免許が与えられない人
- 満年齢が18歳に満たない人
- 免許を拒否された日から起算して、指定された期間を経過していない人
- 政令で定める病気などで、免許を保留されている人
- 免許を取り消された日から起算して、指定された期間を経過していない人
- 免許の効力が、停止または仮停止されている人

（一定の病気等に該当するかどうかを調べるため、症状に関する質問票を提出する。）

## 受験に必要なもの

受験会場へ向かう前に必ずチェックしよう！

☑ **本籍（国籍）記載の住民票または免許証等**
マイナンバーが記載されていない住民票（免許証かマイナ免許証がある人は除く）。

☑ **本人確認書類**
マイナ保険証やパスポートなどの身分を証明するものの提示が必要（免許証かマイナ免許証がある人は除く）。

☑ **証明写真**
過去6か月以内に撮影したもの。
（縦30mm×横24mm、上三分身、正面、無背景）

☑ **筆記用具**
鉛筆、消しゴム、ボールペン、メモ帳など。

☑ **運転免許申請書**
試験場の受付に用意されている。
見本を見ながら必要事項を記入しよう。

☑ **受験手数料**
受験料、免許証交付料が必要。

☑ **卒業証明書**
指定自動車教習所の卒業者のみ提出。

## 適性試験の内容

### ◎視力検査
- 両目で0.7以上あれば合格。
- 片方の目が見えない人でも、見えるほうの視力が0.7以上で視野が150度以上あればよい。
- 眼鏡、コンタクトレンズの使用も認められている。

### ◎色彩識別能力検査
- 信号機の色である「赤・黄・青」を見分けることができれば合格。

### ◎聴力検査
- 10メートル離れた距離から警音器の音（90デシベル）が聞こえれば合格。
- 補聴器の使用も認められている。

### ◎運動能力検査
- 手足、腰、指などの簡単な屈伸運動をして、車の運転に支障がなければ合格。
- 義手や義足の使用も認められている。

（身体や聴覚に障害がある人は、あらかじめ運転適性相談を受ける。）

## 学科試験の内容

### ◎出題内容
- 国家公安委員会が作成した「交通の方法に関する教則」の内容の範囲内から出題される。

### ◎試験の方法
- 筆記試験
- 配布された試験問題を読んで正誤を判断し、別紙の解答用紙（マークシート）に記入する。

### ◎合格基準
- 仮免許、本試験ともに90%以上の成績であること。

### ◎仮免許試験
- 制限時間：30分
  ➡ 文章問題（1問1点）が50問出題され、45点以上であれば合格。

### ◎本免許試験
- 制限時間：50分
  ➡ 文章問題（1問1点）が90問、イラスト問題（1問2点）が5問出題され、90点以上であれば合格。

## 第1回 普通免許試験問題

制限時間 **50**分　　合格ライン **90**点（100点満点中）

※解答・解説は　30ページ

自己採点（問1～90各1点　問91～95各2点）

| 1回目 | | 2回目 | |
|---|---|---|---|
| | 点 | | 点 |

次の問題をよく読んで、正しいと思うものには「正」を、誤りと思うものには「誤」を、それぞれ答えなさい。
ただし、問91～95のイラスト問題については(1)～(3)すべてに正解しないと得点にはなりません。

**問1** これから車を運転しようとする人に、少量であれば酒をすすめてもかまわない。

**問2** 通学・通園バスが止まっていて、園児などが乗り降りしているときにそのそばを通るときは、園児などの飛び出しに気をつけ、徐行して安全を確かめなければならない。

**問3** 図1の標識のあるところで最大積載量3トンのトラックを運転して通行した。

**問4** 二輪車は機動性に富んでいるので、交通が混雑しているときは、車と車の間をぬうように運転してもよい。

図1

**問5** 遅い速度で進行しているときに右左折する場合は、交差点の直前で合図をしてよい。

**問6** 「キープレフトの原則」とは、車両通行帯のない道路で、自動車と一般原動機付自転車は、道路の左側に寄って通行することである。

**問7** 図2の標識は、主に山間部や橋の上などに設けられている「横風注意」の標識である。

**問8** 一般原動機付自転車や小型特殊自動車は、歩行者用道路を通行してもよい。

**問9** 雨の中で高速走行すると、スリップを起こしたり、タイヤが浮いてハンドルやブレーキが効かなくなることがあるが、これを「ハイドロプレーニング現象」という。

図2

**問10** 高速道路で追い越しをするときは、後方の追い越し車線から接近してくる車に注意する。

**問11** 交差点の手前30メートル以内の場所では、優先道路を通行している場合であっても、追い越しが禁止されている。

**問12** 四輪車が下り坂などで急にブレーキが効かなくなったときは、まずブレーキを数回踏み、すばやく減速チェンジをし、ハンドブレーキを引く方法がある。

**問13** 二輪車は身体で安定を保ちながら走り、停止すれば安定を失うという構造上の特性があり、これが四輪車と根本的に違うところである。

**問14** 車両通行帯が黄色の線で区画されているところでは、車は黄色の線を越えて進路を変更してはならない。

**問15** 信号機がある踏切で青色を表示していても、車は直前で一時停止しなければならない。

**問16** 暑い季節に二輪車を運転するときは、体の露出部分の多いほうが、疲労をとり安全運転につながる。

**問17** 図3の標識は、行き止まりなので通行できないことを表している。

**問18** 夜間、やむを得ず一般道路に駐車するときは、非常点滅表示灯、駐車灯または尾灯をつける。

**問19** けん引するための構造と装置のある車で、車両総重量750キログラムを超える車をけん引するときは、けん引免許が必要である。

図3

**問20** 夜間、交通量の多い市街地では、前照灯を下向きに切り替えて運転する。

**問21** 大型自動二輪車や普通自動二輪車を運転するときは、乗車用ヘルメットをかぶらない者を乗せて運転してはならない。

**問22** 普通乗用自動車で故障車をロープでけん引できる台数は、1台だけである。

**問23** 警察官や交通巡視員が信号機の信号と異なった手信号をしたときは、信号機の信号が優先する。

**問24** 図4の標識のあるところでは、普通自動車が右左折するため道路の右端や中央に寄るときは、この通行帯を通行してもよい。

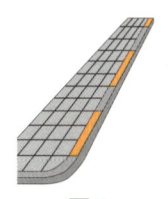

図4

**問25** 一般道路で四輪車が前車を追い越して左に進路を変えるときは、追い越した車がルームミラーで見える距離になるまでそのまま進んで進路を変えるようにする。

**問26** 貨物自動車で走行中、高速道路に入る前に積み荷を点検しようと思ったが、パーキングエリアで点検できるので、そのまま高速道路に入った。

**問27** 自動車損害賠償責任保険は強制保険であるが、自動車損害賠償責任共済は強制保険ではない。

**問28** 交差点で左折するときは、特に歩行者や自転車を巻き込まないようにしなければならない。

**問29** 左側部分の幅が6メートル未満の道路であっても、中央線が黄色の実線のところでは、その線から右側部分にはみ出して追い越しをしてはならない。

**問30** 故障車をロープでけん引するときは、その間を5メートル以内にし、ロープの中央に0.3メートル平方以上の白い布をつけなければならない。

**問31** 図5の標示のある場所では、駐車も停車もすることができない。

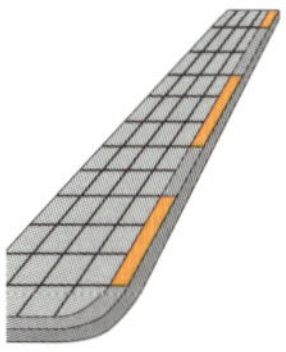

**問32** 不必要な合図は、他の交通に迷いを与えることになり、危険を高めることになる。

図5

**問33** 追い越しは危険なので、後方の車が追い越しをしようとしたときは、加速して追い越されないようにするとよい。

**問34** 急ハンドル、急発進によって後輪が横滑りしたときは、急ブレーキをかけるとよい。

# 第1回 普通免許試験問題

問35 ラジエータとファンは、エンジンの過熱を防止するためにある。

問36 たばこの吸いがらや紙くずは、別に危険がないので、走行中の車から投げ捨ててもよい。

問37 工事用安全帽は、正しく着用すれば、乗車用ヘルメットの代わりになる。

問38 時速50キロメートルで走行していたが、図6の標識にさしかかったので、時速25キロメートルに落として進行した。

図6

問39 二輪車で速度を落とすときは、エンジンブレーキはかけないで、前後輪のブレーキを同時にかける。

問40 最大積載量3トンの貨物自動車は普通免許で運転できる。

問41 踏切では、エンスト防止のためすばやく変速し、一気に通過するのがよい。

問42 普通自動二輪車を運転するときは、普通二輪免許を受けて1年を経過していれば、同乗者用の座席がなくても、二人乗りすることができる。

問43 マフラーの故障のため騒音を出したり、煙を多量に出すような車は、他人に迷惑をかけるので運転が禁止されている。

問44 自家用の普通乗用自動車は、1年ごとに定期点検を実施し、必要な整備をしなければならない。

問45 図7の標識は、この先に押しボタン式の信号機があることを表している。

問46 乗車定員5人の普通自動車に、運転者のほかに大人1人と12歳未満の子ども5人を乗せて運転した。

問47 シートベルトを着用すると、事故の被害を軽減するのに役立つが、運転の疲労を軽減する効果はない。

図7

問48 パーキング・チケット発給設備のある時間制限駐車区間では、パーキング・チケットの発給を受けると、標識によって表示されている時間は駐車することができる。

問49 オートマチック車のチェンジレバーの操作は、前進は「D」、後退は「P」、駐車は「R」に入れるのが正しい操作である。

問50 雨の日は、歩行者や通行車両も少なく、他の車も注意して運転しているので、晴れの日よりもかえって危険度が低くなる。

問51 二輪車の前輪ブレーキは制動力が大きいので、停止距離をできるだけ短くするため、ブレーキレバーのあそびがなくなるように調整する。

問52 図8の標識のある道路は危険なので、すべての車が通行できない。

問53 中央線は、必ず道路の中央にあるとは限らない。

問54 図9の標示のある交差点で自動車が右折するときは、交差点の中心の外側を徐行しなければならない。

図8

問55 横断歩道を横断する人がいないときは、そのすぐ手前で追い越しや追い抜きをしてもよい。

問56 高速自動車国道の本線車道の最低速度は、時速50キロメートルである。

問57 一方通行の道路で右折するときは、あらかじめ道路の中央に寄り、交差点の中心の内側を徐行しなければならない。

問58 自動車専用道路の最高速度は、一般道路と同じである。

図9

問59 災害が発生して、道路の区間を指定して交通の規制が行われたときは、規制が行われている道路の区間以外の場所に車を移動させなければならない。

問60 道路の曲がり角付近や上り坂の頂上付近、こう配の急な下り坂は、いずれも徐行場所である。

問61 図10の標示は「左折の方法」を表し、車は矢印に従い、左折後に通行する車両通行帯に入ることを示している。

問62 交通規則にないことは、運転者の自由であるから、自分本位の判断で運転すればよい。

問63 前車に続いて踏切を通過するときは、安全が確認できれば一時停止の必要はない。

問64 踏切とその端から前後10メートル以内の場所では、駐停車が禁止されているが、一般原動機付自転車と自動二輪車なら駐車してもよい。

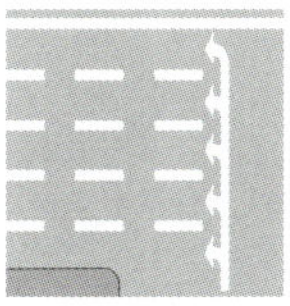

図10

問65 対向車と正面衝突のおそれが生じたときは、少しでもハンドルとブレーキでかわすようにしなければならないが、もし道路外が危険な場所でなければ、道路外に出ることもためらってはならない。

問66 貨物自動車に貨物を積んでいる場合、貨物の見張りのためであれば、何人乗せても許可はいらない。

問67 自動車は、運転しているとき以外は車庫や駐車場に入れ、道路を車庫代わりに使ってはならない。

問68 図11のような路側帯には、人の乗り降りのためであっても中に入って車を止めてはならない。

問69 前面ガラスやルームミラーなどにマスコット類をつり下げたりすると、視界の妨げになるだけでなく、運転に支障をきたすおそれがあり安全運転の妨げになる。

問70 二輪車で走行中、ブレーキをかけるときは、ブレーキを数回に分けて使うことが大切である。

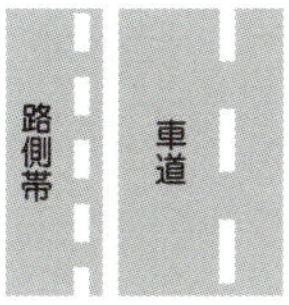

問71 運転者が疲れているいないに関係なく、同じ速度のときの空走距離は一定である。

図11

問72 自動車のブレーキペダルをいっぱいに踏み込んだとき、ペダルと床板との間にすき間がないと危険である。

問73 住宅街を走行中、前方に見通しの悪い路地が近づいてきたので、警音器を鳴らして進行した。

問74 交差点を通行中、緊急自動車が接近してきたので、交差点内で停止した。

問75 信号機の信号が赤色の灯火の点滅を表示しているとき、車は一時停止か徐行しなければならない。

問76 高速道路の分岐点で行き先を間違えて行き過ぎたので、後方の安全を確認しながら分岐点まで後退した。

## 第1回 普通免許試験問題

**問77** 交通事故で多量の出血があるときは、まず清潔なハンカチなどで止血するほうがよい。

**問78** 環状交差点とは、車両が通行する部分が環状（円形）の交差点であって、道路標識などにより車両が右回りに通行することが指定されているものをいう。

**問79** 荷物が分割できないため、積載物の長さが規定を超える場合は、出発地の警察署長の許可を受けると積載して運転することができる。

**問80** 図12の標示は、転回禁止区間がここで終わりであることを表している。

図12

**問81** 停留所に止まっている路線バスに追いついたときは、後方で一時停止し、路線バスが発進するまで待たなければならない。

**問82** 高速道路で普通自動車が故障し、やむを得ず路肩に駐車する場合は、必要な危険防止の措置をとった後は、車外に出ると危険なので車内で待機したほうがよい。

**問83** 安全地帯のない路面電車の停留所では、路面電車の後方で一時停止して、乗降客や横断する人がいなくなるのを待たなければならない。

**問84** 室内灯は、バス以外でもなるべくつけて運転する。

**問85** 車は、上り坂の頂上付近やこう配の急な下り坂では、自動車や一般原動機付自転車を追い越すことが禁止されている。

**問86** 盲導犬を連れて歩いている人がいたので、注意を促すために警音器を鳴らし、徐行して通行した。

**問87** 図13の標識は、車が直進や左折をすることはできるが、右折はできないことを示している。

図13

**問88** 横断歩道を横断している人がいたが、車が近づいたら立ち止まったので、そのまま進行を続けた。

**問89** 遠心力は、速度が2倍になれば4倍になる。

**問90** 安全運転の大切なポイントは、自分の性格やくせを知り、それをカバーする運転をすることである。

**問91** 時速30キロメートルで進行しています。自転車の人が、ときどき振り返って後方を気にしています。どのようなことに注意して運転しますか？

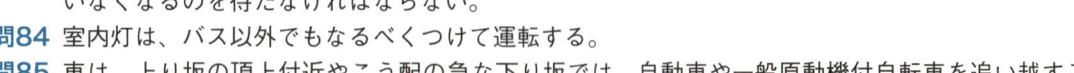

(1) 自転車はどういう動きをするか分からないので、急にハンドルを切ってかわせるように構えて進行する。

(2) 自転車は自分の車を見ており、すぐに横断を始めることはないので、前の車との車間距離をつめる。

(3) 歩道と車道の間にガードレールがないため、自転車はすぐに横断を始めるかもしれないので、減速してその動きに注意して進行する。

**問92** 時速50キロメートルで進行しています。どのようなことに注意して運転しますか？

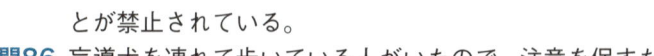

(1) 対向車がくる様子がないので、このままの速度でカーブに入り、カーブの後半で一気に加速して進行する。

(2) 対向車が中央線を越えて進行してくるかもしれないので、速度を落とし、車線の左側へ寄って進行する。

(3) この先はカーブが急になっていて曲がりきれず、ガードレールに衝突するおそれがあるので、速度を落として進行する。

4

# 第1回 普通免許試験問題

**問93** 時速10キロメートルで進行しています。交差点を直進するときは、どのようなことに注意して運転しますか？

(1) 対向車は右折のため、自分の車の通過を待っていると思われるので、加速して通過する。
(2) 対向車は無理に右折してくるかもしれないが、そのときは交差点が広く、避けることができるので、そのまま進行する。
(3) 対向車の車体はかなり右側に傾いており、急に右折してくると思われるので、減速して進行する。

**問94** 高速道路を時速80キロメートルで進行しています。加速車線から本線車道に入ろうとしている車が自分の車と同じぐらいの速度で走行しています。どのようなことに注意して運転しますか？

(1) 本線車道にいる自分の車は、加速車線の車より優先するので、加速して進行する。
(2) 加速車線の車がいきなり本線車道に入ってくるかもしれないので、右後方の安全を確認したあと、右側へ進路を変更する。
(3) 左の車が加速車線から本線車道に入りやすいよう、このままの速度で進行する。

**問95** 時速50キロメートルで進行しています。どのようなことに注意して運転しますか？

(1) 夜間は速度感覚が鈍り、速度超過になりやすいので、速度計に注意する。
(2) 歩行者は自車の存在に気づき、道路の中央で止まると思われるので、左に寄ってそのまま進行する。
(3) 対向車と自車のライトが重なると歩行者が見えなくなるので、歩行者が見えなくなっても、その横断位置の手前で確実に停止する。

## 第2回 普通免許試験問題

制限時間 **50**分　合格ライン **90**点（100点満点中）

自己採点（問1〜90各1点　問91〜95各2点）

| 1回目 | 点 | 2回目 | 点 |
|---|---|---|---|

※解答・解説は31ページ

次の問題をよく読んで、正しいと思うものには「正」を、誤りと思うものには「誤」を、それぞれ答えなさい。
ただし、問91〜95のイラスト問題については⑴〜⑶すべてに正解しないと得点にはなりません。

**問1** 自宅前の歩道上であれば、植木鉢や看板などを置いてもかまわない。

**問2** 停止距離は路面状態に関係なく、ブレーキの踏み方や速度で決まる。

**問3** 図1の標識をつけている車に対しては、危険を避けるためやむを得ない場合を除き、その車の側方に幅寄せしたり前方に割り込んだりしてはいけない。

図1

**問4** 二輪車のチェーンは、張りすぎていると切れるおそれがあるので適度なゆるみが必要である。

**問5** 駐車とは、車が継続的に停止すること（人の乗り降りや5分以内の荷物の積みおろしを除く）や、運転者が車から離れていてすぐに運転できない状態で停止することをいう。

**問6** 「右側通行」の標示のある場所では、道路の右側にはみ出して通行できるが、はみ出し方は最小限にしなければならない。

**問7** 空気圧の高いタイヤで高速走行を続けると、タイヤが破裂するおそれがあるので、空気圧はやや低めにする。

**問8** 後退するときの手の合図は、腕を車の外に出して斜め下に伸ばし、手のひらを後ろに向けて腕を前後に動かす。

**問9** 総排気量150ccの二輪車は、原付免許で運転することができる。

**問10** 図2の標識は、前方に「路面電車の停留所がある」ことを表している。

**問11** 交差点の中で後方から緊急自動車が接近してきたことを知ったときは、ただちにその場に停止しなければならない。

図2

**問12** 雨降りや夜間など視界が悪いときは、前車がよく見えるように、晴れた日や昼間より前車に接近して運転したほうがよい。

**問13** 二輪車に乗るときは、他の運転者から見て目につきやすいものを着用する。

**問14** 車両通行帯のある道路では、やむを得ない場合の他は、2つの車両通行帯にまたがって通行してはならない。

**問15** 正面の信号が黄色の点滅を表示しているときは、車は一時停止してから進行しなければならない。

**問16** 高速道路のトンネルや切り通しの出口などは、横風のためにハンドルを取られることがあるので、注意して通行しなければならない。

**問17** 図3の標識は、学校が近いことを表している。

**問18** 踏切を通過するときは、一方からの列車が通過しても、その直後に反対方向からの列車が近づいてくることがあるので、必ず反対方向の安全も確認しなければならない。

図3

**問19** 故障車をクレーン車でけん引するときは、けん引免許はいらない。

**問20** 踏切内では、エンストを防止するため、発進したときの低速ギアのまま一気に通過するのがよい。

**問21** 変形ハンドルの二輪車は、運転の妨げとなり危険である。

**問22** 道路で特定小型原動機付自転車を運転するときは、原付免許は必要ない。

**問23** 交差点で交通整理を行っている警察官の背中に対面した自動車は、直進してはならないが、右折や左折はすることができる。

**問24** 図4の標示がある道路では、A方向、B方向どちらを通行する車も、追い越しのため中央線をはみ出して通行してはならない。

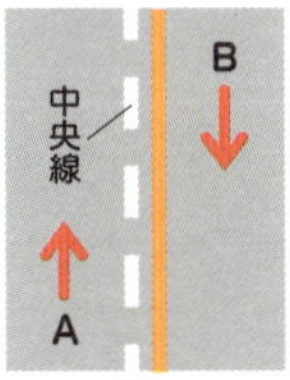

図4

**問25** 一方通行の道路から右側の道路外に出るときは、できるだけ道路の右端に寄って徐行する。

**問26** 高速自動車国道の本線車道では、総排気量750ccの大型自動二輪車の法定最高速度は時速100キロメートルであるが、250ccの普通自動二輪車は時速80キロメートルである。

**問27** 交通事故で負傷者がいない物損だけのときは、お互いに話し合い、示談がまとまれば警察官に届け出る必要はない。

**問28** 許可を受けて歩行者用道路を通行する車は、歩行者がいるときだけ徐行すればよい。

**問29** マニュアルの四輪車で下り坂に駐車して車から離れるときは、ギアをローに入れておくのがよい。

**問30** 車を運転中に、地震災害に関する警戒宣言が発せられたことを知ったときは、地震の発生に備えて速度を十分に落とすとともに、ラジオで地震情報や交通情報を聞き、その情報に応じて行動する。

**問31** 図5の標識は、道路の中央であること、または中央線であることを示している。

**問32** 普通自動二輪車を運転中、交通量が多かったので、速度を落として路側帯を通行した。

図5

**問33** 追い越すためであれば、法令や標識で定められた最高速度を一時的に超えることは許されている。

**問34** 雨などで路面が濡れていても、ハンドル操作やブレーキ操作を正確に行えば、車間距離は晴れの日と同じでよい。

**問35** 「歩行者がいるとは思わなかった」「対向車が来るとは思わなかった」「右から車が来るとは思わなかった」と言い訳をするような事故は、死角に潜んでいる危険を予測しなかったためである。

6

# 第2回 普通免許試験問題

問36 道路に向けて物を投げたり、運転者の目をくらませるような光を道路に向けてはならない。
問37 エンジンを止めた二輪車に乗って坂を下る場合は、路側帯を通ることができる。
問38 交差点の手前に図6の標識がある場合は、自分の通行している道路が優先道路であることを示している。

図6

問39 大型二輪免許を取得すれば、普通二輪免許を受けていた期間が通算して1年に達していなくても、普通自動二輪車で二人乗りをすることができる。
問40 四輪車のファンベルトの張り具合は、ベルトの中央部を手で押したとき、少したわむ程度が適当である。
問41 トンネルの中や濃い霧などで50メートル（高速道路では200メートル）先が見えない場所を通行するときは、昼間でも灯火をつけなければならない。
問42 二輪車は見落とされやすいので、大型車などの死角に入らないようにする。
問43 最も左側の通行帯が路線バスなどの専用通行帯に指定されていたが、普通自動車が左折するため、その通行帯に入った。

図7

問44 仮免許練習標識は、車の前と後ろの定められた位置につけなければならない。
問45 図7の標示は、前方に横断歩道または自転車横断帯があることを示している。
問46 進路の前方に障害物があるとき、その付近で対向車と行き違うときは、その地点を先に通過できる車が優先する。
問47 時速80キロメートルで走行している普通乗用車の停止距離は、乾燥したアスファルト道路の場合で、80メートル程度となる。
問48 バスの停留所から30メートル以内は、追い越しをしてはならない。
問49 オートマチック車は片手で運転しても十分安全に運転できるので、携帯電話を使用しながら運転した。
問50 夜間、見通しの悪い交差点やカーブなどの手前では、他の車や歩行者に接近を知らせるために前照灯を上向きにしたり、点滅したりすることは危険である。
問51 二輪車でぬかるみや砂利道を通過するときは、スロットルで速度を一定にし、バランスをとって走行するのがよい。
問52 図8の標識があるところでは、普通自動車だけが軌道敷内を通行することができる。

図8

問53 前方の交差点で右折するので、その交差点の30メートル手前から右の方向指示器を出して合図を始めた。
問54 二輪車は体格にあった車種を選ぶべきであり、体力に自信があってもいきなり大型車に乗るのは危険である。
問55 図9の標識のあるところでは、見通しのよい交差点であっても、警音器を鳴らさなければならない。
問56 高速自動車国道で、他の車をけん引して走行できるのは、けん引するための構造と装置のある車が、けん引されるための構造・装置のある車をけん引する場合に限られる。
問57 違法駐車により、車をレッカー移動された場合、その移動や保管に要する費用は、運転者か所有者が負担することになっている。

図9

問58 高速道路の本線車道とは、走行車線、登坂車線、加速車線、減速車線のすべてのことである。
問59 速度が指定されていない一般道路の普通貨物自動車の最高速度は、時速50キロメートルである。
問60 道路の中央寄りを通行中、後方から緊急自動車が接近してきたが、交差点付近ではないのでそのまま進行した。
問61 急発進、急加速、空ぶかしなどでいちじるしく他人に迷惑をおよぼす騒音を出すような車の運転は禁止されている。
問62 気温が下がり家の前の道路に水をまくと凍るおそれがあったが、ほこりが立つのを防ぐために水をまいた。
問63 四輪車を運転中に大地震が発生し、やむを得ず道路に車を置いて避難するときは、エンジンキーを携帯し、窓を閉め、ドアをロックしておかなければならない。
問64 ブレーキをかけたときのタイヤのスリップの跡は、空走距離には関係がない。
問65 霧や吹雪は、視界を極めて狭くするので、前照灯や尾灯などを早めに点灯し、必要に応じて警音器を鳴らすとよい。
問66 図10の標識の向こう側（背面）は、時速50キロメートル以下で走行しなければならない。
問67 自動車を運転して安全地帯のそばを通るときは、歩行者がいるいないにかかわらず、徐行しなければならない。
問68 消防自動車や救急車などサイレンを鳴らし、赤色の警光灯をつけて緊急用務のため運転中の自動車を、「緊急自動車」という。

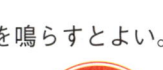

図10

問69 夜間、一般道路に普通自動車を駐停車する場合は、車の後方に停止表示器材を置いても、非常点滅表示灯や駐車灯、または尾灯をつけなければならない。
問70 渋滞している道路を二輪車で走行するときは、車の間から歩行者が飛び出してきたり、前の車のドアが急に開いたりすることがあるので注意したほうがよい。
問71 運転者はシートベルトを着用しなければならないが、後部座席の同乗者には着用させなくてもよい。
問72 自動車を運転するときに、心配ごとがあると注意が散漫になったりするので、そのようなときには速度を落として運転するとよい。
問73 図11のような運転者の手による合図は、徐行か停止をするときの合図である。
問74 交通が混雑しているときは、たとえ自転車横断帯に停止することになっても、自転車横断帯に進入することができる。
問75 どんな自動車保険であっても、その加入はあくまで運転者の任意である。

図11

## 第2回 普通免許試験問題

問76 高速道路で出口を間違えたときは、中央分離帯の切れ目のあるところで転回してもよい。

問77 交通事故の現場に居合わせたときは、負傷者の救護や事故車の移動に積極的に協力するのがよい。

問78 前車が右折するため、道路の中央に寄って走行していたが、前車の右側があいていたのでその右側を通行した。

問79 遠心力は、速度の二乗に比例して大きくなり、カーブの半径が小さくなるほど大きくなる。

問80 図12の標示は「導流帯」を表し、車を安全で円滑に誘導するため、車が通らないようにしている道路の部分である。

問81 転回や後退は危険な行為であるから、合図をして完全に他の車を止めてから行う。

問82 高速自動車国道を運転中、疲れを感じたので、十分な幅のある路側帯に入って休憩した。

問83 道路の曲がり角付近で、見通しのよいところでは、車は徐行しなくてもよい。

問84 走行中、後輪が右に横滑りをしたので、ハンドルを右に切って立て直した。

問85 車は道路状況や他の交通に関係なく、道路の中央から右の部分にはみ出して通行することは禁止されている。

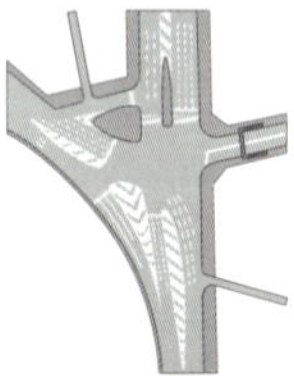

図12

問86 幼児など小さい子どもを四輪車に乗せるときは、後部座席にすべきである。

問87 図13の標識は特定小型原動機付自転車と自転車は矢印の示す方向の反対方向には通行できない。

問88 高齢者や子どもなどの歩行者の中には、予測の難しい行動をする人もいるので、その動きに十分注意して運転しなければならない。

図13

問89 準中型貨物自動車に荷物を積むときは、車体から左右に30センチメートル以下であれば、はみ出して積むことができる。

問90 運転計画に無理があると、どうしても慎重さを欠き、注意が散漫になり、無意識のうちに速度が超過しがちになるので、ゆとりのある運転計画を立てるようにする。

問91 時速20キロメートルで進行しています。歩行者用信号が青の点滅をしている交差点を左折するときは、どのようなことに注意して運転しますか？

(1) 歩行者や自転車が無理に横断するかもしれないので、その前に左折する。

(2) 横断歩道の手前で急に止まると、後続の車に追突されるおそれがあるので、ブレーキを数回に分けて踏みながら減速する。

(3) 後続の車も左折であり、信号が変わる前に左折するため自分の車との車間距離をつめてくるかもしれないので、すばやく左折する。

問92 時速40キロメートルで進行しています。後続車があり、前方にタクシーが走行しているときは、どのようなことに注意して運転しますか？

(1) 急に減速すると、後続車に追突されるおそれがあるので、そのままの速度で走行する。

(2) タクシーは左の合図を出しておらず、停止するとは思われないので、そのままの速度で進行する。

(3) 人が手を上げているため、タクシーは急に止まると思われるので、その側方を加速して通過する。

8

# 第2回 普通免許試験問題

**問93** 時速50キロメートルで進行しています。右前方に駐車車両があり、その後方から対向車が近づいてきたときは、どのようなことに注意して運転しますか？

(1) 自分の車は上り坂に差しかかっており、前方からくる対向車は停止して道を譲ると思われるので、このままの速度で進行する。
(2) 対向車が中央線をはみ出してくると思われるので、その前に行き違えるように加速して進行する。
(3) 下り坂の対向車は加速がついており、駐車車両の手前で停止することができずにそのまま走行してくると思われるので、減速してその付近で行き違わないようにする。

**問94** 渋滞している道路で、助手席の同乗者を降ろすときは、どのようなことに注意して運転しますか？

(1) 車を左側に寄せ、停止させてから同乗者を降ろす。
(2) 左後方から二輪車が走行してくるかもしれないので、よく確認してからドアを開けるよう、同乗者に注意する。
(3) 車が進み始めないうちに、急いで降りるよう注意を促す。

**問95** 時速20キロメートルで進行しています。どのようなことに注意して運転しますか？

(1) 子どもと自分の車は前の車の通ったあとを進行しているので、早めにハンドルを右に切って進行する。
(2) このまま進行すれば子どもたちは避けてくれると思うので、そのまま進行する。
(3) このままの速度でハンドルを操作すると横滑りをおこすかもしれないので、子どもの前で止まってその通過を待つ。

## 第3回 普通免許試験問題

※解答・解説は32ページ

制限時間 **50** 分　合格ライン **90** 点（100点満点中）

**自己採点**（問1〜90各1点　問91〜95各2点）

1回目　　点　　2回目　　点

次の問題をよく読んで、正しいと思うものには「正」を、誤りと思うものには「誤」を、それぞれ答えなさい。
ただし、問91〜95のイラスト問題については(1)〜(3)すべてに正解しないと得点にはなりません。

**問1** 交通事故の場合、相手に過失があるときは、警察官に届けなくてもよい。

**問2** 転回するときの合図の時期は、転回しようとする約3秒前である。

**問3** 図1の標示によって、交差点で進行する方向ごとに通行区分が指定されている場合であっても、緊急自動車が近づいてきたときや道路工事などでやむを得ない場合は、他の通行帯を通行することができる。

図1

**問4** 二輪車のハンドルを変形ハンドルにすることは、運転の妨げにならないので禁止されていない。

**問5** 駐車場や車庫などの出入り口から3メートル以内の場所には駐車をしてはならないが、自宅の車庫の出入り口であれば駐車することができる。

**問6** 「停止禁止部分」の標示内は、停止することはもちろん、通過することもできない。

**問7** 一般原動機付自転車は高速自動車国道を通行できないが、自動車専用道路は通行することができる。

**問8** 交差点で右折するときは、自分が先に交差点に入っていても、直進や左折をする車の進行を妨げてはならない。

**問9** タイヤと路面の摩擦は、空走距離に大きな関係がある。

**問10** 交差点付近を通行中、緊急自動車が近づいてきたので、交差点を避け、道路の左側に寄って徐行した。

**問11** 図2の標識のあるところは歩行者専用道路なので、どんな場合であっても車の通行が禁止されている。

**問12** 下り坂で四輪車のフットブレーキが効かなくなったときは、ハンドブレーキを引いても効果がないので、溝に車輪を落としたり、道路のわきの土砂などに突っ込んで止めるよりほかに方法はない。

図2

**問13** 二輪車のチェーンは、中央部を指で押したとき、ゆるみがなくピーンと張っているのがよい。

**問14** 車両通行帯のない道路では、自動車は道路の中央寄りの部分を通行しなければならない。

**問15** 前方の信号が青色の灯火のときは、どんな交差点であっても、自動車、一般原動機付自転車はともに、直進、左折、右折することができる。

**問16** 高速道路の登坂車線は、貨物を積んだ大型貨物自動車だけが通行できる。

**問17** 図3の標識は、「二輪の自動車以外の自動車通行止め」を表している。

図3

**問18** 踏切支障報知装置のない踏切内で車が動かなくなったときは、発炎筒や煙の出やすいものを付近で燃やすなどして合図をするのがよい。

**問19** 酒を飲んで運転してはならないが、アルコール分の少ないビールであれば飲んで運転してもかまわない。

**問20** 踏切の前方が混雑している状態のときは、その踏切の手前で停止して、踏切に入ってはならない。

**問21** 無段変速装置がついているオートマチック二輪車で低速走行しているときは、スロットルを完全に戻すと車輪にエンジンの力が伝わらなくなり、安定を失うことがある。

**問22** 普通免許を受けていれば、最大積載量2000キログラムの貨物自動車、乗車定員11人の乗用自動車を運転することができる。

**問23** 交差点の中で対面する信号が青色から黄色になったときは、必ずその場に停止しなければならない。

**問24** 交通整理の行われていない図4のような道幅が違う交差点では、A車はB車の進行を妨げてはならない。

**問25** 一方通行の道路では、速度の速い車は右側を通行しなければならない。

**問26** タイヤの空気圧が低い状態で高速走行を続けると、スタンディングウェーブ現象（波打ち現象）が起きて危険なので、高速走行するときは、タイヤの空気圧を規定よりやや高めにする必要がある。

図4

**問27** 正面の信号が黄色の点滅を表示しているときは、車は必ず一時停止しなければならない。

**問28** 車が進路を変えないで進行中の前の車の前方に出る行為を、追い越しという。

**問29** 四輪車の後退するときの合図は、法で定められていない。

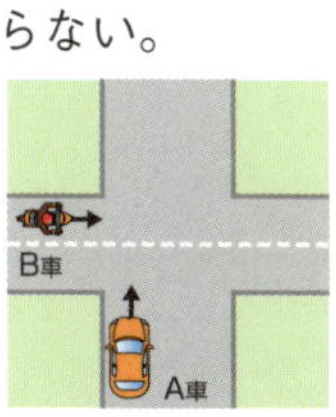

**問30** 交通事故が起きたときは、運転者や乗務員は事故が発生した場所、負傷者数や負傷の程度、物の損壊程度などを報告しなければならないが、積載物について報告する必要はない。

**問31** 幅が広い1本線の路側帯があるところで、車体の一部を路側帯に入れ、左側に0.75メートルの余地をあけて車を止めた。

**問32** 図5の標識は、動物が飛び出すおそれがあることを示している。

**問33** 横断歩道の手前に停止している車の横を進行するときは、車のかげから歩行者が急に飛び出してくるおそれがあるので、前方に出る前に徐行して安全を確かめる。

図5

**問34** エンジンの回転数が上がったままになったとき、四輪車はただちにギアをニュートラルにする。

**問35** ウインドウ・ウォッシャ液を点検するときは、適量入っているか、液がウインドウガラスまで確実に飛ぶかどうかを確かめる。

# 第3回 普通免許試験問題

問36 標示とは、ペイントや道路びょうなどによって路面に示された線、記号や文字のことをいい、規制標示と指示標示の2種類がある。

問37 大型自動二輪車や普通自動二輪車で二人乗りをする場合には、後部座席にゆとりがある車種を選ぶようにする。

問38 歩道に図6のような黄色の標示のあるところで、人を降ろすために停止した。

問39 二輪車でカーブを曲がるとき、車体を傾けると転倒したり横滑りしやすいので、できるだけ車体を傾けないでハンドルを切るほうが安全である。

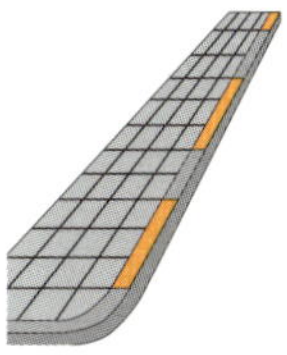

図6

問40 止まっているものに衝突したとき、速度を半分に落とすことができれば、衝突時に受ける力はおおむね4分の1ですむ。

問41 霧で視界が悪いときは、前方がよく見えるように前照灯を上向きにして走行するとよい。

問42 図7のマークは「移動用小型車標識」を表し、道路で移動用小型車を通行させる人が表示しなければならない。

問43 四輪車に人を乗せるとき、助手席の人にはシートベルトを着用させなければならないが、後部座席の人には着用させなくてもよい。

問44 急発進、急ブレーキ、空ぶかしは、他の人に迷惑をかけるだけでなく、余分な燃料を消費し、人体に有害な排気ガスを多く出すことになる。

問45 二輪車を安全に急停止させるためには、前後輪のブレーキを同時にかけ、前輪と後輪の強さを調節して使用するとよい。

図7

問46 進路を変更すると、後車が急ブレーキや急ハンドルで避けなければならないような場合は、進路を変更してはならない。

問47 車両通行帯のある道路で、最も右側の車両通行帯を通行して追い越しをする場合は、追い越しが終わっても、このままの車両通行帯を通行し続けてよい。

問48 図8の標識があるところでは、見通しのよい道路の曲がり角であっても、警音器を鳴らさなければならない。

問49 オートマチックの四輪車を停止させておくときは、必ずブレーキペダルをしっかり踏んでおき、念のためハンドブレーキもかけておくのがよい。

問50 夜間は、先の方に視線を向け、前方の障害物を早く発見して避けるようにするとよい。

問51 二輪車でぬかるんだ道を走行するときは、バランスをとるため大きくハンドルを操作するとよい。

問52 発進するときは、発進する前に安全を確認してから方向指示器などで合図をし、もう一度バックミラーなどで前後左右の安全を確かめてから発進する。

図8

問53 走行中、方向指示器が故障したときは、合図をしなくてもよい。

問54 二輪車を運転するときの乗車姿勢は、ステップに土踏まずを乗せて足の裏が水平になるようにし、足先はまっすぐ前方に向け、ひじをわずかに曲げる。

問55 学校や幼稚園の近くを通行するときは、必ず徐行しなければならない。

問56 高速自動車国道では、構造上または性能上、時速50キロメートル以上の速度の出ない自動車は通行してはならない。

問57 右左折などの行為が終わったとき、合図を戻す時期は、行為が終わった約3秒後である。

問58 高速道路の本線車道を走行するときは、左側の白の線を目安にして、車両通行帯のやや左寄りを通行するとよい。

問59 駐車が禁止されている場所であっても、図9の標識のあるところでは、標章車に限って駐車することができる。

問60 道路工事の区域の端から5メートル以内の場所は、駐車が禁止されている。

問61 経路を選ぶときは、わかりやすさより、短い距離で行ける経路を選ぶようにする。

問62 警察官が交差点で手信号により両腕を水平に上げているときは、警察官の身体の正面に平行する交通に対しては、信号機の黄色の灯火の信号と同じ意味である。

問63 遮断機のある踏切で遮断機が上がっているときは、安全を確認すれば徐行して通過してもよい。

問64 法律で定められている場合や、やむを得ないとき以外は、警音器を鳴らしてはならない。

図9

問65 警報機のある踏切で車が動かなくなったときは、警報機の柱にある押しボタン式の踏切支障報知装置のボタンを押して、一刻も早く列車の運転士に知らせる必要がある。

問66 図10の標識は、車両が追い越しのため道路の右側部分にはみ出して通行することを禁止している。

問67 車から降りるときは、どのような場合であっても、必ず右側から行うのがよい。

問68 準中型自動車や普通自動車に初心者マークや仮免許練習中の標識をつけた人が運転しているときは、危険を避けるためやむを得ない場合のほか、その車の側方に幅寄せしたり、前方に無理に割り込んではならないが、高齢者マークをつけている車は関係ない。

図10

問69 夜間、横断歩道に近づいたとき、自車と対向車の前照灯の光で横断する歩行者が見えないときがあるので、横断歩道の手前で速度を落とし、十分注意して進行する。

問70 体力に自信があれば、大型の二輪車から乗るようにすると、運転技術を早く身につけることができる。

問71 6歳未満の幼児を四輪車に乗せるときは、幼児の発育の程度に応じた形状のチャイルドシートを使用させなければならない。

問72 車両総重量5トンの貨物自動車は、準中型免許で運転することができる。

問73 交通整理の行われていない横断歩道の手前30メートル以内の場所で、自動二輪車が徐行している車の左側方を通過した。

## 第3回 普通免許試験問題

問74 図11のB車は、前後や左前方の見通しがよく安全を確かめれば、追い越しを始めてもよい。

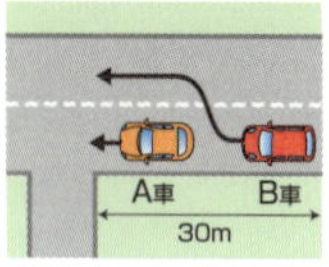

問75 違法駐車をして放置違反金の納付を命ぜられた車の使用者は、その納付を怠ると、新たに自動車検査証の交付が受けられなくなることがある。

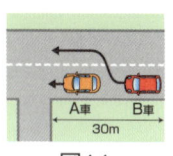

図11

問76 高速道路での車間距離は、乾いた路面のときと、雨などで濡れているときは同じでよい。

問77 バッテリーの液量は減ることがないので、点検しなくてもよい。

問78 前車を追い越そうとして安全を確認したところ、後車が自車を追い越そうとしていたので、前車の追い越しを中止した。

問79 二輪車を運転中に大地震が発生したので、道路の左端に寄せて停止し、ハンドルロックをして避難した。

問80 高速走行のときは、車の積み荷の重心が高いほうが安定した走行ができる。

問81 踏切とその端から前後10メートル以内は駐停車禁止であるが、人の乗り降りのためであれば停止できる。

問82 図12の標識は、この先の道路が工事中のため、車は通行できないことを示している。

問83 道路の道幅が片側6メートル以上であったので、追い越しをするため中央線をはみ出して通行した。

問84 走行中に後輪が右に横滑りしたときは、ハンドルを左に切るとよい。

問85 車を運転中、同じ方向に進行しながら進路を左方に変えるときの合図の時期は、ハンドルを切り始めようとするときである。

図12

問86 路線バスの専用通行帯のある道路では、指定以外の車（小型特殊自動車、一般原動機付自転車、軽車両を除く）は、左折する場合などを除いて、その車両通行帯を通行してはならない。

問87 図13の標示は、自転車専用道路であることを示している。

問88 こう配の急な坂は、上りも下りも追い越しが禁止されている。

問89 大型自動二輪車や普通自動二輪車の荷台に荷物を積むときは、荷台の後方から30センチメートルまでならはみ出してもよい。

図13

問90 運転中は、目を広く見渡すように動かすと注意力が散漫になるので、できるだけ一点を見つめて運転したほうがよい。

問91 時速50キロメートルで進行しています。後方から緊急自動車が接近しているときは、どのようなことに注意して運転しますか？

(1) 車間距離があいている左側の車の前にすばやく進路を変更し、緊急自動車に進路を譲る。

(2) 左側の車の後ろに進路を変更し、減速して進行する。

(3) 緊急自動車が自分の車を追い越したあとで元の車線に戻れるようにするため、速度を落として前の車との車間距離をあけておく。

問92 前方が渋滞しています。どのようなことに注意して運転しますか？

(1) 後続車があるので、そのまま交差点内に入って停止する。

(2) 左側の車の進路の妨げになるので、交差点の手前で停止する。

(3) 自分の車のほうが優先道路なので、左側の車は一時停止すると思われるため、交差点の中で停止してもよい。

# 第3回 普通免許試験問題

**問93** 時速80キロメートルで高速道路を通行しています。どのようなことに注意して運転しますか？

(1) 右の車がすぐ左へ進路変更すると危険なので、加速して前の車との車間距離をつめる。
(2) 右の車は自分の車がいるため、すぐ進路を変更するかどうかわからないので、後続車に注意しながら減速する。
(3) 右の車がすぐ左へ進路変更すると危険なので、やや減速し、左の車線へ進路を変える。

**問94** 時速40キロメートルで進行しています。左側に駐車車両のある、見通しの悪いカーブに差しかかりました。どのようなことに注意して運転しますか？

(1) 自転車が急に横断するかもしれないので、警音器で注意を促し、加速して通過する。
(2) 駐車車両のかげから、歩行者が飛び出してくるかもしれないので、中央線を大きくはみ出して進行する。
(3) 駐車車両でカーブの先が見えないので、対向車に注意しながら中央線を少しはみ出し、減速して進行する。

**問95** 時速10キロメートルで進行しています。交差点を直進するときは、どのようなことに注意して運転しますか？

(1) 対向車は、前の車のかげになっている自分の車に気づかず、先に右折するかもしれないので、その動きに注意して進行する。
(2) 前の車が左折してから、安全を確認し、注意しながら進行する。
(3) 前の車が道路の手前で急に止まるかもしれないので、右側に寄って、そのままの速度で進行する。

※解答・解説は33ページ

# 第4回 普通免許試験問題

制限時間 **50**分　　合格ライン **90**点（100点満点中）

自己採点 （問1〜90各1点　問91〜95各2点）

| 1回目 | 点 | 2回目 | 点 |
|---|---|---|---|

次の問題をよく読んで、正しいと思うものには「正」を、誤りと思うものには「誤」を、それぞれ答えなさい。
ただし、問91〜95のイラスト問題については(1)〜(3)すべてに正解しないと得点にはなりません。

**問1** 運転中に大地震が発生して車を駐車するときは、できるだけ道路外に停止させる。

**問2** 同一方向に3つの車両通行帯があるときは、最も右側の通行帯を追い越しのためにあけておけば、速度に関係なく2つの車線のどちらを走ってもよい。

**問3** 図1の標識は、積み荷の重さが5.5トンを超える車の通行ができないことを意味している。

**問4** 二輪車のブレーキは、エンジンブレーキを使い、前輪、後輪ブレーキを別々にかけるとよい。

**問5** 追い越しをしようとするときは、必ず警音器を鳴らさなければならない。

**問6** 10分以内の荷物の積みおろしや人の乗り降りのための停止は、駐車には該当しない。

**問7** 自動車は、前の車が右折などのために進路を変えようとしているときは、これを追い越してはならない。

**問8** 交差点で左折するときは、あらかじめ方向指示器を出し、バックミラーで後方や側方の安全を確認して徐行すれば、内輪差による自転車などの巻き込み事故は生じない。

**問9** タクシーは、3か月ごとに定期点検をしなければならない。

**問10** 図2の路側帯では、車の駐停車が禁止されているが、軽車両は通行することができる。

**問11** 交差点を右折する場合、標識などで通行方法が指定されているときは、それに従って通行しなければならない。

**問12** 曲がり角やカーブでは、ブレーキをかけながらハンドルを切るとよい。

**問13** 車が道路に面した場所に出入りするために、歩道や路側帯を横切る場合は、歩行者の通行を妨げないように、徐行しなければならない。

**問14** 初心者マークをつけた車を追い越そうとしたとき、対向車がはみ出してきたので、衝突を避けるためやむを得ず割り込んだ。

**問15** 道路で交通巡視員が手信号をしていても、交通巡視員は警察官ではないので、その手信号には従わなくてもよい。

**問16** 高速道路の本線車道では、転回したり中央分離帯を横切ったりして反対車線に入ることは禁止されているが、安全を確認すれば必要最小限度の後退をすることができる。

**問17** 図3の標識のある道路では、乗車定員29人以下のマイクロバスは通行できる。

**問18** 踏切内を通過するときは、歩行者や対向車に注意しながら、できるだけ左端を通行する。

**問19** 自家用の普通乗用車の日常点検は、走行距離、運行時の状況から判断して適切な時期に行えばよい。

**問20** 踏切を通過しようとするときは、まず踏切の直前で一時停止をし、自分の目で直接左右の安全を確かめれば十分である。

**問21** 四輪車から見る二輪車は、距離は実際より近く、速度は実際より速く感じやすい。

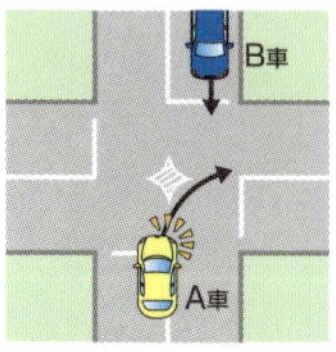

**問22** ブレーキのリザーバタンク内の液量は、上限と下限の間にあるのがよい。

**問23** 交通事故の多くは、運転技量よりも運転者の心構えが欠けているために発生している。

**問24** 図4のA車は、B車が通り過ぎるまで交差点の中で待っていなければならない。

**問25** 一方通行路以外の交差点で右折しようとするときは、交差点の中心のすぐ外側を徐行する。

**問26** ハイドロプレーニング現象と高速走行とは、特に関係はない。

**問27** 交通事故を起こしたが、事故の相手方と話し合いがついたので、後日事故の件を警察官に報告した。

**問28** 車に乗り降りするときは、交通量が多いところでも、右側のドアから乗り降りしなければならない。

**問29** 止まっている通学・通園バスのそばを通るとき、保育士が児童に付き添っていたので、徐行しないで側方を通過した。

**問30** 交通事故に備え、必要な応急救護処置を身につけるだけでなく、万が一の事故に備え、三角きん、ガーゼ、包帯などを車に備えておくとよい。

**問31** 高速道路では、故障のためやむを得ないときは、十分な幅のある路肩や路側帯に駐停車してもよい。

**問32** 図5の標識は、車両の通行は禁止されているが、歩行者は通行できる。

**問33** 横断歩道や自転車横断帯とその手前から30メートル以内の場所は、追い越しが禁止されている。

**問34** エンジンブレーキは、低速ギアになるほど制動力は大きくなる。

**問35** 運転中、眠くなったときは、眠気を防ぐため、窓を開けて新鮮な空気を取り入れたり、ラジオを聞くなど気分転換を図りながら運転を続ける。

**問36** 夜間、警察官が交差点で南北の方向に灯火を振っているとき、東西の方向に走行する自動車は、直進、右折、左折することができる。

**問37** オートマチック二輪車は、クラッチ操作がいらないので、スロットルを急に回転させても急発進する危険はない。

5.5t
図1

図2

図3

図4

通行止
図5

14

# 第4回 普通免許試験問題

問38 図6の標示があるところで、荷物の積みおろしのため、運転者が車のそばにいて5分間車を止めた。

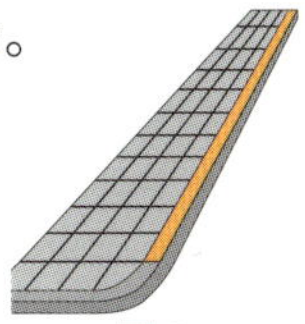

問39 二輪車でカーブを走行するときは、その手前で速度を落とし、走行中はブレーキを使わずに、スロットルで速度を調節するのがよい。

問40 時速60キロメートルでコンクリートの壁に激突した場合は、約14メートルの高さ（ビルの5階程度）から落ちた場合と同じ程度の衝撃力を受ける。

図6

問41 図7の標示は、前方の交差する道路に対して自分の通行している標示のある道路のほうが優先であることを表している。

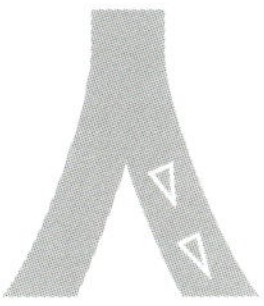

問42 二輪車を運転するときは、げたやサンダルをはいて運転してはいけない。

問43 路線バス等優先通行帯を普通乗用自動車で走行中、後方から通園バスが接近してきたが、路線バスではないので、通行帯を変えることなくそのまま進行した。

問44 車が衝突したときの衝撃力は、速度と重量に応じるので、速度が2分の1になれば衝撃力も2分の1に減る。

図7

問45 ぬかるみなどで車輪がから回りするときは、滑り止めを使用しないで、低速ギアで一気に加速するのがよい。

問46 進路変更や追い越しをする場合は、前方の安全を確かめるとともに、バックミラーなどで後方や右斜め後方の安全を確かめなければならない。

問47 高速自動車国道では、本線車道が混雑している場合に限り、路側帯を通行することができる。

問48 標識で追い越しが禁止されていたが、前方を速度の遅い自動車が走っていたので、進路を変え、その横を通り過ぎて前方に出た。

問49 オートマチック車のエンジンを始動するときは、その前に、ブレーキペダルを踏んで位置を確認し、アクセルペダルの位置を目で見て確認する。

問50 夕暮れどきは急に暗くなることがあり、目が慣れるまで視力が低下したまま運転することになるので、早めに前照灯をつける。

問51 二輪車の乗車用ヘルメットは、安全性を考えたPS（C）マークかJISマークのついたものを使い、あごひもを確実に締めるなど、正しく着用しなければ効果はない。

問52 図8の標識のある交差点で右折する場合、一般原動機付自転車は、二段階右折をしなければならない。

問53 タイヤがすり減っていると、路面とタイヤとの摩擦抵抗が小さくなり、制動距離は長くなるが、空走距離には影響しない。

図8

問54 二輪車を運転するときは、ブレーキをかけたとき前のめりにならないように、正しい乗車姿勢を保つようにする。

問55 軌道が道路の中央に設けられているところで路面電車を追い越すときは、その右側を通行しなければならない。

問56 高速自動車国道の本線車道が、道路の構造上、往復の方向別に分離されていない区間での最高速度は、一般道路と同じ速度である。

問57 運転者が危険を感じ、ブレーキを踏んでからブレーキが効き始めるまでに走る距離を制動距離という。

問58 高速道路を走行するときは、タイヤの空気圧をやや高めにしたほうがよい。

問59 図9の標識のある場所では、8時から20時の間で60分を超えて駐車する場合に、パーキングメーターなどを作動させなければならないことを表している。

問60 内輪差とは、ハンドルを内側に切ったときの「ハンドルのあそび」のことである。

図9

問61 一般原動機付自転車の積み荷の幅は、荷台の左右にそれぞれ0.15メートルまではみ出してよい。

問62 道路を通行するときは、相手の立場に立ち、思いやりの気持ちを持って運転することが大切である。

問63 上り坂で発進するとき、ハンドブレーキを使いすぎると故障の原因になるので、なるべく使わないほうがよい。

問64 歩行者がいる安全地帯のそばを通るときは徐行しなければならないが、歩行者がいない場合は徐行しなくてもよい。

問65 坂道で下りの車が上りの車に道を譲るのは、上り坂での発進が難しいからである。

問66 交差点で警察官が図10のような手信号をしているときは、身体に平行する方向の交通は、黄色の灯火と同じである。

問67 二輪車の運転は、身体で安定を保ちながら走り、停止すれば安定を失うという特性があり、四輪車とは違った運転技術が必要である。

問68 どのような道路であっても、歩行者が通行できるだけの幅を残して駐車しなければならない。

問69 夜間、見通しの悪い交差点や曲がり角付近では、前照灯を上向きにしたり点滅させたりして他の車や歩行者に接近を知らせれば、徐行する必要はない。

図10

問70 二輪車でエンジンを切って押して歩くときでも、歩道を通行してはならない。

問71 横断歩道のすぐ手前に駐停車をしてはならないが、すぐ向こう側には駐停車をしてもかまわない。

問72 乗車定員11人から29人までのマイクロバスは、中型免許で運転することができる。

問73 図11の標識のあるところでは、車は転回してはならない。

問74 携帯電話は、運転する前に電源を切るかドライブモードに設定して、呼び出し音が鳴らないようにしておく。

問75 一般原動機付自転車は、自賠責保険や責任共済に加入しなくてよい。

問76 歩行者のそばを通るときは、どんな場合であっても徐行しなければならない。

図11

# 第4回 普通免許試験問題

**問77** 信号機の黄色の灯火の矢印は路面電車専用であるから、自動車や一般原動機付自転車は矢印の方向に進んではならない。

**問78** 走行中、車の左前方に子どもが1人で歩いていたが、路側帯の中だったので、そのままの速度で進行した。

**問79** ハンドルのあそびが多くても、走行中の運転操作にさしつかえなければ整備の必要はない。

**問80** 図12の標識は、「登坂車線」を表し、荷物を積んだトラックなど速度の遅い車が通行できる。

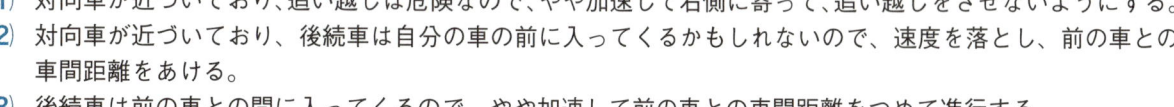

図12

**問81** 同一方向に2つの車両通行帯がある道路では、速度の遅い車は左側の通行帯を、速度の速い車は右側の通行帯を通行する。

**問82** 高速走行中に起きるハイドロプレーニング現象とは、タイヤの空気圧が低いために起きる波打ち現象のことである。

**問83** 信号に従って交差点を左折するときは、横断する歩行者がいなければ徐行しなくてもよい。

**問84** 対向車と正面衝突のおそれが生じたときは、少しでもハンドルとブレーキでかわすようにしなければならないが、もし道路外が危険な場所でなければ、道路外に出ることもためらってはいけない。

**問85** 車を発進するときは、ルームミラーやサイドミラーで周囲の安全を確認するが、確認しきれない死角は、目でよく見て確かめることが必要である。

**問86** 警音器を必要以上に鳴らすことは、騒音になるだけでなく、相手の感情を刺激し、トラブルを起こす原因にもなる。

**問87** 図13の標識のある道路は、一般原動機付自転車は通行できないが、自動二輪車は排気量に関係なく通行できる。

図13

**問88** 子どもは興味のあるものに夢中になり突然路上に飛び出してくることがあるので、子どもがいる場合は、運転者は特に注意しなければならない。

**問89** カーブの半径が大きいほど、遠心力は大きくなる。

**問90** 運転免許は、第一種免許、第二種免許、仮免許の3種類に区分されている。

**問91** 時速50キロメートルで進行しています。後続車が追い越しをしようとしているときは、どのようなことに注意して運転しますか？

(1) 対向車が近づいており、追い越しは危険なので、やや加速して右側に寄って、追い越しをさせないようにする。

(2) 対向車が近づいており、後続車は自分の車の前に入ってくるかもしれないので、速度を落とし、前の車との車間距離をあける。

(3) 後続車は前の車との間に入ってくるので、やや加速して前の車との車間距離をつめて進行する。

**問92** 時速30キロメートルで進行しています。どのようなことに注意して運転しますか？

(1) 左側の歩行者のそばを通るとき、水を跳ねないように速度を落として進行する。

(2) バスのかげから歩行者が出てくるかもしれないので、速度を落として走行する。

(3) 左側の歩行者は、車に気づかずバスに乗るため急に横断するかもしれないので、後ろの車に追突されないようブレーキを数回踏み、すぐに止まれるように速度を落として進行する。

16

# 第4回 普通免許試験問題

**問93** 時速30キロメートルで進行しています。どのようなことに注意して運転しますか？

(1) 歩行者の横でも原動機付自転車と行き違うことができるので、このままの速度で通過する。
(2) 歩行者の横で対向車と行き違うと危険なので、加速して歩行者を追い抜き、それから原動機付自転車と行き違うようにする。
(3) 子どもは大人と手をつないでおり、自分の車の進路に飛び出してくることはないので、このままの速度で通過する。

**問94** 時速30キロメートルで進行しています。どのようなことに注意して運転しますか？

(1) 夜間は視界が悪く、歩行者が見えにくくなるので、トラックの後ろで止まって、歩行者が横断し終わるのを確認してから進行する。
(2) 歩行者はこちらを見ており、自分の車が通過するのを待っているので、このままの速度で進行する。
(3) 歩行者が横断した後、トラックの側方では、対向車がいなければ安心して通過できるので、一気に加速して通過する。

**問95** 時速40キロメートルで進行しています。どのようなことに注意して運転しますか？

(1) トラックの前方の様子がよく分からないので、速度を上げてトラックを追い越す。
(2) トラックは間もなく右に進路を変更するはずなので、トラックの動きに注意しながら進行する。
(3) トラックは急に速度を落とすかもしれないので、速度を落として車間距離をあける。

※解答・解説は34ページ

# 第5回 普通免許試験問題

制限時間 **50** 分　　合格ライン **90** 点（100点満点中）

自己採点（問1〜90各1点　問91〜95各2点）

| 1回目 | | 2回目 | |
|---|---|---|---|
| | 点 | | 点 |

次の問題をよく読んで、正しいと思うものには「正」を、誤りと思うものには「誤」を、それぞれ答えなさい。
ただし、問91〜95のイラスト問題については(1)〜(3)すべてに正解しないと得点にはなりません。

**問1** 進路が渋滞しており、そのまま進むと交差点内で停止するおそれがあるときは、たとえ青信号でも交差点の手前で停止していなければならない。

**問2** 同一方向に三つ以上の車両通行帯があるときは、最も右側の車両通行帯は追い越しのためにあけておく。

**問3** 図1の標示に示されているレーンの時間帯は、バス以外の車は通行できない。

**問4** 二輪車のマフラーは、取り外しても事故の原因にはならないので、取り外して運転してもよい。

**問5** 追い越しを始めるときは、前方の安全確認をすれば、右側や右斜め後方の安全まで確かめる必要はない。

**問6** 70歳以上の運転者に「高齢者マーク」を表示させる目的は、まわりの運転者に知らしめ、保護させることにある。

**問7** 高速自動車国道の最低速度は、車種に関係なく時速80キロメートルである。

**問8** 交差点とその付近は、最も交通事故の多い危険な場所なので、歩行者や他の車に注意するとともに、見えないところに潜む危険を予測し、できる限り安全な速度と方法で通行しなければならない。

**問9** 中型免許を受けた者は、乗車定員30人のバスを運転できる。

**問10** 図2の標示は、道路の右側部分にはみ出して通行してもよいことを示している。

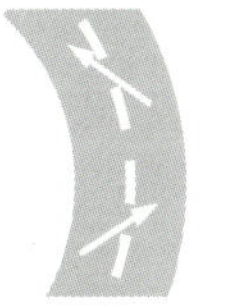

**問11** 交差点を走行中に緊急自動車が接近してきたので、進路を譲るため交差点内であったが、その場に停止した。

**問12** 後車輪が横滑りしたときは、ブレーキの踏み方がゆるいので、もっと強く踏むべきである。

**問13** トンネルの出入り口付近を通行するときは、徐行しなければならない。

**問14** 傷病者の救護のためやむを得ない場合は、道路の右側に3.5メートルの余地がとれなくても駐車することができる。

**問15** 標識とは、交通の規制などを示す標示板のことをいい、本標識と補助標識がある。

**問16** 高速道路の本線車道に入るときは、徐行をして安全を確認しなければならない。

**問17** 図3の補助標識は、本標識が表示する交通規制の終わりを表している。

**問18** 平坦な直線の雪道や凍った道路では、スノータイヤやタイヤチェーンをつけていれば、スリップや横滑りすることはない。

**問19** 時速100キロメートルでコンクリートの壁に激突した場合は、約14メートルの高さ（ビルの5階程度）から落ちた場合と同じ程度の衝撃力を受ける。

**問20** 自動車が右折しようとするとき、図4の矢印のような進路をとるのは正しい。

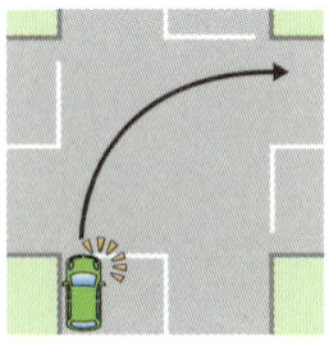

図4

**問21** 高速道路では、大型二輪免許か普通二輪免許を受けていれば、年齢や経験に関係なく、自動二輪車で二人乗りをしてもよい。

**問22** ブレーキペダルを踏んだとき、踏みごたえが柔らかいほうがブレーキの効きはよい。

**問23** 自動車の運転は、認知・判断・操作の繰り返しであるが、このうちどれを怠っても交通事故の原因となる。

**問24** 踏切を通過するときは、落輪をしないようにやや中央寄りを通行するようにしたほうがよい。

**問25** 歩行者用道路では、通行が許可された車以外であっても、歩行者に注意して徐行すれば通行してもよい。

**問26** 他の車をけん引しているため時速50キロメートル以上の速度で走ることのできない自動車は、車の特性上、高速自動車国道を通行することができない。

**問27** 大地震が発生したときは、どんな場合であっても車を使って避難すべきである。

**問28** 図5の標示は、車の通行は認められているが、この中で停止するおそれがあるときは、この中に入ってはいけない。

**問29** 自転車に乗った人が自転車横断帯で道路を横断しようとしているときは、その自転車横断帯の手前で徐行しなければならない。

**問30** 交通事故の責任は、車の管理が不十分なため、鍵を勝手に持ち出されて事故が起きたときは、車の所有者にも責任がある。

**問31** 車の死角は、小型車より大型車、乗用車より貨物車のほうが大きくなり、また貨物を積んでいるときは更にその積載物により影響される。

**問32** 右折しようとして先に交差点に入ったときは、反対方向からの直進または左折車に優先して右折できる。

**問33** 横断歩道や自転車横断帯に近づいたとき、横断する人や自転車がいないことが明らかな場合は、その手前30メートル以内の場所で追い越しをしてもよい。

**問34** エンジンブレーキは緊急時だけに使い、下り坂では使うべきではない。

**問35** 運転免許証に記載されている条件欄に「眼鏡等」とある場合は、コンタクトレンズの使用も含まれる。

**問36** 黄色の灯火の矢印信号は、路面電車だけが矢印の方向に進むことができる。

18

# 第5回 普通免許試験問題

問37 オートマチック二輪車は、マニュアル二輪車と運転の方法は同じなので、特に注意して運転する必要はない。

問38 図6の標識がある道路では、前方の信号に関係なく左折することができる。

問39 二輪車でぬかるみを通るときは、低速ギアにしてスロットルで速度を一定にし、ブレーキをかけたり、急加速はしないようにする。

問40 自家用の普通乗用自動車の日常点検は、毎日1回、必ず行わなくてはならない。

問41 信号機のない踏切では、遮断機が上がっていても、車はその直前で一時停止し、安全を確認して通行しなければならない。

問42 二輪車を運転中、乾燥した路面でブレーキをかけるときは、後輪ブレーキをやや強く、路面が滑りやすいときは、前輪ブレーキをやや強くかける。

問43 路面電車が通行するために必要な道路の部分を「軌道敷」といい、原則として車の通行が禁止されている。

問44 車を運転するときは、運転免許証等を携帯しなければならないが、自動車検査証を紛失しないように自宅に保管するとよい。

問45 図7の標識のあるところでは、この先にどんな危険があるか分からないから十分注意して運転する必要がある。

問46 人を待つため、継続的に停止していても、運転者が運転席にいれば停車である。

問47 自動車を発進させるときは、方向指示器による合図をしなくてもよい。

問48 標識や標示で最高速度が指定されていない一般道路における普通貨物自動車の最高速度は、時速50キロメートルである。

問49 オートマチック車の運転は、運転の基本を理解し、その手順を守り、正確に操作することが必要である。

問50 雪道は停止距離が長くなるので、スリップ事故などを防ぐため、ブレーキは最初から強く踏む必要がある。

問51 二輪車に乗るときは、体の露出がなるべく少なくなるような服装をし、できるだけプロテクターを着用するとよい。

問52 図8の標識は「ロータリーあり」を示す警戒標識で、この先にロータリーがあることを事前に知らせて注意を促すものである。

問53 近くに交差点のない一方通行以外の道路で緊急自動車に進路を譲るときは、必ずしも一時停止しなくても道路の左側に寄ればよい。

問54 二輪車を運転中、ギアをいきなり高速からローに入れても、エンジンを傷めたり転倒したりすることはない。

問55 橋を通行している自動車は、自動車を追い越してはならない。

問56 高速自動車国道の本線車道での普通自動車（三輪とけん引車を除く）の法定最高速度は、時速100キロメートルである。

問57 四輪車を運転するとき、運転しやすければ、体を斜めにして運転してもよい。

問58 高速道路を走行中、荷物が転落、飛散してしまったときは、自分で除去せず、非常電話などで除去を依頼する。

問59 図9の標識のある交差点では、普通乗用自動車であれば、右折や左折をしてもよい。

問60 白色のつえを持った人や子どもが歩いている場合、車との間に1メートルぐらいの余地があれば、徐行しなくてよい。

問61 一般原動機付自転車は、2人乗りをしてはならない。

問62 交差点で交通巡視員が灯火を頭上に上げているとき、その交通巡視員の正面の交通は、赤信号と同じと考えてよい。

問63 ぬかるみや水たまりのあるところを通行するときは、泥や水をはねて他人に迷惑をかけないようにしなければならない。

問64 歩行者用道路では、特に通行を認められた車だけが通行できるが、この場合は、特に運転者は歩行者に注意して徐行しなければならない。

問65 踏切に信号機があり、青色の灯火を表示していても、踏切の手前で一時停止しなければならない。

問66 図10の信号のある交差点では、車は右折と転回をすることができる（軽車両と二段階の方法で右折する一般原動機付自転車は除く）。

問67 車の重心が高くなったり片寄ったりすると横転しやすくなるので、荷物はできるだけ低く左右に片寄らないように積まなければならない。

問68 図11の標識がある道路では、大型乗用自動車と特定中型乗用自動車は通行することができないことを示している。

問69 夜間、交通量の多い道路では、前方の状況をはっきりさせるため、ライトは上向きにしたほうがよい。

問70 二輪車でカーブを曲がるときは、遠心力の影響をおさえて曲がるようにし、両ひざをタンクに密着させ、車体と体を傾けて自然に曲がる。

問71 横断歩道の手前30メートル以内の場所は、追い越しは禁止されているが追い抜きは禁止されていない。

問72 乗車定員5人の普通乗用自動車は、運転者の他に大人2人と子ども3人を乗せることができる。

問73 進路変更が終了していても、しばらくの間は方向指示器による合図を続けたほうがよい。

問74 左右の見通しがきかない交差点（交通整理が行われている場合や、優先道路を通行している場合を除く）では徐行しなければならないが、交通の状況によって一時停止が必要な場合もある。

問75 自動車の前面ガラスには、次の検査の年月を示す検査標章を貼らなければならない。

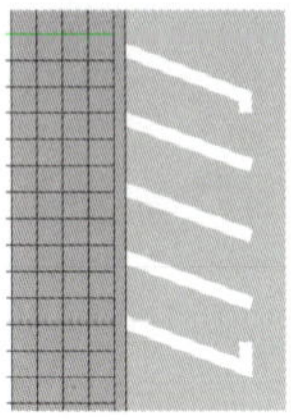

## 第5回 普通免許試験問題

**問76** 高速道路では、ミニカー、総排気量125cc以下の普通自動二輪車、一般原動機付自転車は通行できない。

**問77** 故障車をロープでけん引する場合、故障車のハンドルなどを操作する者は、その車を運転できる免許を持っていなくてもよい。

**問78** 仮免許練習中の車に指導者が同乗していたので、その前に割り込んだ。

**問79** ビールを飲んだが、近くに急用ができたので、一般原動機付自転車を運転した。

**問80** 図12の標示は、車を駐車するとき、道路の端に対して斜めに駐車しなければならないことを表す。

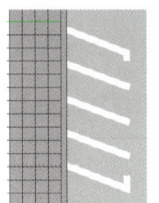

図12

**問81** 同一方向に車両通行帯が2つある場合、自動車は右側の通行帯を、一般原動機付自転車は左側の通行帯を通行する。

**問82** 高速道路での追い越しや進路変更の方法は、一般道路の場合と同じ方法である。

**問83** 二輪車の乗車姿勢は、両ひざを開き、足先が外側を向くようにしたほうがよい。

**問84** 昼間であっても、一般道路のトンネルの中で50メートル先が見えないときは、ライトをつけなければならない。

**問85** 一般原動機付自転車でやむを得ず追い越しをするときは、前車が障害物を避けるため中央に寄ってくることがあるので、十分な側方間隔を保つことが大切である。

**問86** 路面が雨に濡れ、タイヤがすり減っている場合の停止距離は、乾燥した路面でタイヤの状態がよい場合に比べて2倍程度に延びることがある。

**問87** 図13の標識は、「右折禁止」の標識である。

図13

**問88** 坂の頂上付近やこう配の急な坂は、上りも下りも駐停車禁止場所である。

**問89** カーブを通行するとき、カーブの外側に滑り出そうとする力を「遠心力」といい、遠心力は速度の二乗に比例して大きくなる。

**問90** 眠気を感じたので、窓を開けラジオを聞くなど気分転換をして、そのまま運転を続けた。

**問91** 時速40キロメートルで進行しています。上り坂の頂上に差しかかったときは、どのようなことに注意して運転しますか？

(1) 上り坂の頂上付近では、速度が下がり失速するおそれがあるので、一気に加速して進行する。

(2) 上り坂の頂上付近では、見通しが悪くなっており、対向車がくるかもしれないので、先の様子が見えるまで、十分速度を落として進行する。

(3) 上り坂の先は急なカーブになっており、ガードレールに衝突する危険性があるので、十分減速して進行する。

**問92** 時速40キロメートルで進行しています。どのようなことに注意して運転しますか？

(1) 対向車と行き違えると思うので、このままの速度で止まっている車の横を通過する。

(2) 対向車とすれ違うと、そのライトで前方に止まっている車の間や先が見えにくくなるので、駐車車両の後方で一時停止し、対向車が通過するのを待つ。

(3) 対向車は遠くに見えるので、加速して前方に止まっている車を追い越す。

20

# 第5回 普通免許試験問題

**問93** 時速40キロメートルで進行しています。駐車しているトラックに差しかかったとき、どのようなことに注意して運転しますか？

(1) 左の路地から車が出てくるかもしれないので、中央線寄りを進行する。
(2) トラックのかげの歩行者はこちらを見ており、車道を横断することはないので、このままの速度で進行する。
(3) トラックのかげの歩行者は車道を横断するおそれがあるので、ブレーキを数回に分けて踏み、後続の車に注意を促し、いつでも止まれるように減速する。

**問94** 時速40キロメートルで進行しています。カーブの中に障害物があるときは、どのようなことに注意して運転しますか？

(1) カーブの向こうから対向車が自分の進路の前に出てくることがあるので、できるだけ左に寄って注意しながら進行する。
(2) カーブ内は対向車と行き違うのに十分な幅がないので、対向車が来ないうちに通過する。
(3) 前方のカーブは見通しが悪く、対向車がいつ来るか分からないので、カーブの入口付近では警音器を鳴らし、自分の存在を知らせてから注意して進行する。

**問95** 踏切の手前で一時停止した後は、どのようなことに注意して運転しますか？

(1) 踏切内は凹凸になっているため、対向車がふらついてぶつかるかもしれないので、なるべく左端に寄って通過する。
(2) 踏切内は凹凸になっているので、エンストを防止するためすばやく変速して、急いで通過する。
(3) 踏切内は凹凸になっているため、ハンドルが取られないようハンドルをしっかり握り、気をつけて通過する。

# 第6回 普通免許試験問題

制限時間 **50** 分　合格ライン **90** 点（100点満点中）

※解答・解説は35ページ

**自己採点**（問1〜90各1点　問91〜95各2点）

| 1回目 | 点 | 2回目 | 点 |
|---|---|---|---|

次の問題をよく読んで、正しいと思うものには「正」を、誤りと思うものには「誤」を、それぞれ答えなさい。
ただし、問91〜95のイラスト問題については(1)〜(3)すべてに正解しないと得点にはなりません。

**問1** 免許証を手にするということは、単に車が運転できるということだけでなく、同時に刑事、行政、民事責任など、社会的責任が重くなることを自覚しなければならない。

**問2** 道路に平行して駐車している車と並んで駐車してはならない。

**問3** 図1は、身体に障害のある人が普通自動車を運転するときにつけるマークである。

図1

**問4** 二輪車は、急停止すると車輪がロック（車輪が止まった状態）し、危険であるので安全なブレーキ操作を心がける必要がある。

**問5** 追い抜きとは、進路を変え、進行中の前車の側方を通り、その前方に出ることをいう。

**問6** 横断歩道に近づいたとき、横断者が明らかにいないときは、そのまま進むことができる。

**問7** 図2の標識は、前方に交差する優先道路があることを表している。

**問8** 交差点の手前に黄色のペイントで進行する方向別の通行区分が指定されているところでは、右左折のためであっても進路変更はできない。

図2

**問9** 長時間に渡って運転するときは、2時間に1回は休息をとり、眠気を感じたら速やかに休息をとって眠気を覚ましてから運転するとよい。

**問10** 本線車道から出るときは、本線車道で十分に速度を落としてから減速車線に入るようにする。

**問11** 交通整理の行われていない横断歩道の手前にトラックが停車していたので、徐行してトラックの側方を通過した。

**問12** 坂道では、上りの車が下りの車に道を譲るようにする。

**問13** 二輪車は、路面を中心とした前方の近いところに視線が向けられ、四輪車に比べて左右方向や遠くの情報の取り方が少ない傾向がある。

**問14** 消火栓や指定消防水利の標識が設けられている位置から5メートル以内の場所では、駐車をしてはならない。

**問15** 本標識には、規制標識、補助標識、警戒標識、案内標識の4種類がある。

**問16** 高速道路の本線車道を走行中は、右側の白線を目安にして、通行帯の右寄りを通行する。

**問17** 図3は、横断歩道を表す警戒標識である。

**問18** 舗装道路では、雨の降り始めが最も滑りやすい。

**問19** 自動車損害賠償責任保険（自賠責保険）証明書は大切な書類であるから、車の中には置かず、紛失しないように自宅に保管しておくのがよい。

図3

**問20** 図4のような交通整理の行われていない道幅が同じ交差点では、B車はA車の進行を妨げてはならない。

**問21** 自動二輪車に乗るときは乗車用ヘルメットをかぶらなければならないが、一般原動機付自転車は工事用安全帽をかぶって運転してもかまわない。

**問22** マフラーが少しでも破損していると騒音になるので、つけ代えるか修理してから運転する。

**問23** 車を運転する場合、交通規則を守ることは道路を安全に通行するための基本であるが、事故を起こさない自信があれば、必ずしも守る必要はない。

図4

**問24** 曲がり角やカーブでは、右側にはみ出すと対向車が中央線をはみ出してくることがあるので、できるだけ左側を通行する。

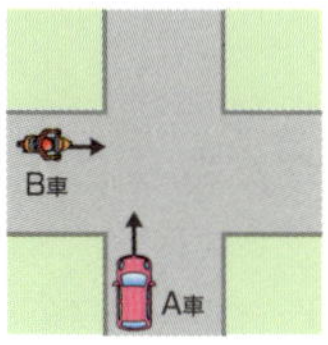

**問25** 右折や左折などの合図は、その行為が終わるまで続けなければならない。

**問26** 本線車道に入ってから、道を間違ったと思い、他の車の妨げにならないように転回した。

**問27** 事故で頭部に傷を受けている場合は、救急車が来る前に病院へ連れて行ったほうがよい。

**問28** 車の発進、後退時には、車の周囲の安全確認を同乗者にしてもらえば、車の発進、後退時に起きた交通事故の責任は運転者にはない。

**問29** 自転車横断帯の手前に来たとき、進路の前方の自転車が立ち止まり、自転車横断帯を渡ろうとしていたので、その手前で停止して道を譲った。

**問30** 交通事故を起こしたときは、最初に警察官に報告してから、負傷者の救護をする。

**問31** 図5の標識があるところでは、車は標識の直前で必ず一時停止しなければならない。

**問32** 歩道や幅の狭い路側帯のある一般道路で駐停車するときは、車道の左端に沿う。

**問33** こう配の急な下り坂や上り坂の頂上付近では、一般原動機付自転車を追い越してもよい。

停止線

図5

**問34** カーブを通行するとき、高速のままカーブを曲がったり、高速のままハンドルを切ったり、カーブに入ってからブレーキをかけたりすると、横転や横滑りする危険があるので避けるべきである。

**問35** エンジンオイルの量や汚れの点検は、エンジンを低速回転させ、各部に十分オイルが回ってから、油量計で点検する。

22

# 第6回 普通免許試験問題

問36 警察官が灯火を横に振っている信号で、灯火が振られている方向に進行する交通は、黄色の灯火信号と同じ意味である。

問37 一般原動機付自転車が小回りの方法で交差点を右折するときは、前方の信号が青の矢印の信号に従って右折することはできない。

問38 図6の標示は、路側帯の中に入って、駐車や停車することはできないことを示している。

問39 二輪車でブレーキをかけるときは、前輪ブレーキは危険であるからあまり使わず、主として後輪ブレーキを使うのがよい。

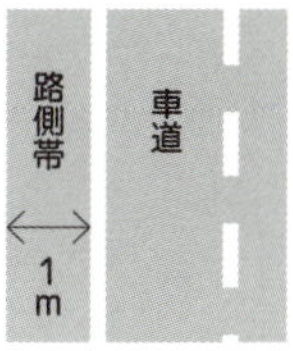

問40 自動車の乗車定員は、12歳未満の子ども3人を大人2人として計算するのが正しい。

問41 昼間でも、トンネルの中や濃い霧の中などで50メートル（高速道路では200メートル）先が見えないような場所は、前照灯をつけなければならない。

問42 二輪車を選ぶときの基準は、シートにまたがったとき、両足のつま先が地面に届くものがよい。

問43 交差点の手前に「止まれ」の標識があったが停止線はなかったので、交差点の直前に停止して安全確認した。

問44 一般原動機付自転車に荷物を積む場合は、積載装置から後方に0.3メートルまではみ出してもよい。

問45 図7の標識は、待避所を表しているので、坂道ではたとえ上りの車でも待避所に入って、下りの車の通過を待つようにする。

問46 制動距離と停止距離は同じである。

問47 車両通行帯のある道路で追い越しをするときは、車はその通行している車両通行帯のすぐ右側の車両通行帯を通行する。

問48 標識や標示によって横断や転回が禁止されているところでは、同時に後退も禁止されている。

問49 オートマチック車を運転して上り坂などで停止したときは、ブレーキを踏まなくてもクリープ現象があるので、後退することはない。

問50 四輪車で走行中、エンジンの回転数が上がり、故障のため下がらなくなったときは、ギアをニュートラルにして車輪にエンジンの力をかけないようにしながら路肩など安全な場所で停止し、エンジンを切るとよい。

問51 二輪車に乗るときは、排気ガスなどで衣服が汚れるので、なるべく目につきにくい黒っぽい色の服装をするとよい。

問52 図8の標識のある道路では、自動車も一般原動機付自転車も時速50キロメートルの速度で運転することができる。

問53 中央線は、どの道路でも必ず道路の中央に引かれている。

問54 二輪車は機動性に富んでいるが、車の間をぬって走ったりジグザグ走行することは、極めて危険であるばかりでなく、周囲の運転者に不安を与える。

問55 車を運転するときは、げたやハイヒールなど運転操作を妨げるようなはきもので運転してはならない。

問56 高速自動車国道の本線車道での大型貨物自動車の法定最高速度は、時速100キロメートルである。

問57 運転席のシートの背は、ハンドルに両手をかけたとき、ひじがわずかに曲がる状態に合わせる。

問58 高速道路では、反対方向から進行してくる車や歩行者が、誤って本線車道などに進入してくることはない。

問59 道路上に図9の標識があるときは、標識の左側を通行しなければならない。

問60 標識などで指定された路線バスの専用通行帯で、路線バスが通行していないときは、普通自動車はその通行帯を通行してもよい。

問61 一般原動機付自転車は、二人乗りをしてはならない。

問62 補助標識は、ふつう本標識の下に取り付けられており、規制の理由を示したり、規制が適用される時間、曜日、自動車の種類などを特定している。

問63 制動距離や遠心力は速度の二乗に比例して大きくなるので、速度が2倍になれば制動距離や遠心力も2倍になる。

問64 前の車が右折するために、右側に進路を変えようとしているときは、その車の右側を追い越してはならない。

問65 信号機がある踏切で青信号のときは、車は一時停止をせずに通過することができる。

問66 図10の点滅信号のある交差点では、車は他の交通に注意しながら進行してもよい。

問67 車は、道路状態や他の交通に関係なく、道路の中央から右の部分にはみ出して通行してはならない。

問68 進路変更の合図の時期は、その行為をしようとするときの約3秒前である。

問69 夜間、高速道路で故障などのため、やむを得ず普通自動車を駐停車するときは、停止表示器材を置けば、非常点滅表示灯や駐車灯、尾灯はつけなくてもよい。

問70 二輪車でカーブを曲がるときは、車体を傾けると横滑りするおそれがあるので、車体を傾けないでハンドルを切って曲がるとよい。

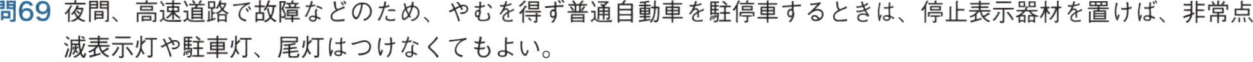

問71 横断歩道や自転車横断帯とその手前30メートルの間は、追い越しも追い抜きも禁止されている。

問72 初心運転者（準中型免許または普通免許を受けてから1年を経過していない者）は、初心者マークを車の前か後ろの定められた位置につけなければならない。

問73 図11で、Bの車両通行帯を通行する車は、Aの車両通行帯へ進路を変えることはできない。

問74 左折する場合、後輪は前輪の内側を通るので、左側の前輪は左側いっぱいに寄せるのがよい。

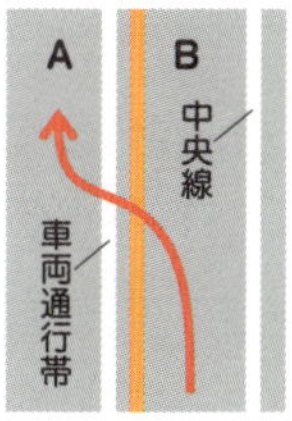

問75 自動車損害賠償責任保険や責任共済は、自動車は強制加入であるが、一般原動機付自転車は任意加入である。

## 第6回 普通免許試験問題

問76 高速道路で本線車道に合流するときは、本線車道を通行する車より加速車線を通行する車が優先である。

問77 故障車をロープでけん引する場合は、ロープの見やすい箇所に0.3メートル平方以上の白い布をつける。

問78 他の車を追い越すとき、交通量が少ないときは、前車の左側を通行してもよい。

問79 ファンベルトの点検は、ベルトの張り具合やベルトに損傷がないかどうかを確認する。

問80 図12の標識では、二輪の自動車以外の自動車は通行できない。

問81 道幅の明らかに広い道路で、右折しようとして交差点の中心付近に来ているとき、直進車や左折車が進行してきても、右折車が優先して進行することができる。

図12

問82 初心運転者は、運転が未熟であるから高速自動車国道や自動車専用道路を通行してはならない。

問83 トンネル内は、道幅や車両通行帯の有無に関係なく駐停車禁止である。

問84 長い下り坂を走行するときは、四輪車はフットブレーキ、二輪車は前後輪のブレーキを主として使い、エンジンブレーキは補助的に使って走行するのがよい。

問85 図13の標識は、「車両進入禁止」を表している。

問86 路面に面した場所に出入りするため歩道や路側帯を横断するときは、歩行者の有無に関係なく徐行しなければならない。

図13

問87 交差点で右左折するときは、車は必ず徐行しなければならない。

問88 シートベルトの正しい着用は、腰ベルトは骨盤を巻くようにし、ベルトがねじれていないかどうかを確認する。

問89 貨物自動車の積載重量は、自動車検査証に記載されている最大積載量の1割増しまでである。

問90 仮免許で運転の練習をするときは、「仮免許練習中」の標識を車の前か後ろにつけなければならない。

問91 時速40キロメートルで進行しています。前方の道路が濡れているときは、どのようなことに注意して運転しますか？

(1) 左側にはガードレールがあって、これに接触するといけないので、中央線寄りを進行する。

(2) 対向車はカーブ内の濡れた路面でスリップして中央線を越えてくるかもしれないので、一般原動機付自転車に注意しながら速度を落として左へ寄って進行する。

(3) 前方のカーブ内は路面が濡れており、一般原動機付自転車がスリップして転倒するかもしれないので、カーブに入る前に追い越す。

問92 時速30キロメートルで進行しています。交差点を直進するときは、どのようなことに注意して運転しますか？

(1) 路地から出てくる車は止まって待っていると思うので、右に寄って自転車との間隔をあけ、早めに交差点を通過する。

(2) 自転車と路地から出てくる車は、進行の妨げになるおそれがあるので、警音器を鳴らして、このままの速度で進行する。

(3) 自転車は、路地から出てくる車を避けるため道路の中央に進路を変更するかもしれないので、交差点を過ぎるまで自転車のあとについて進行する。

24

# 第6回 普通免許試験問題

**問93** 時速50キロメートルで進行しています。速度の遅い車に追いついたときは、どのようなことに注意して運転しますか？

(1) 前方の遅い車の前に、他の車がいるかもしれないので、その確認ができるまで、そのまま進行する。
(2) 対向の二輪車は、車体が小さいので、実際の距離より遠くに見えることもあるため、早めに追い越しを始める。
(3) 対向車線の様子がよく見え、対向車との距離が十分あるので、すぐに追い越しをかける。

**問94** 交差点を右折するため、時速30キロメートルから時速15キロメートルまで減速しました。どのようなことに注意して運転しますか？

(1) 対向する四輪車との距離は十分であると思われるので、先に右折する。
(2) 対向する四輪車と二輪車では、二輪車のほうが先行してくると思われるので、二輪車が通過したあと右折する。
(3) 対向する四輪車と二輪車では、二輪車のほうが先行してくると思われるので、警音器を鳴らし、加速して二輪車よりも先に右折する。

**問95** 時速20キロメートルで進行しています。対向車線が渋滞しているときは、どのようなことに注意して運転しますか？

(1) 前方の二輪車は、左の路地に入るため右折すると思われるので、後続車にわかるようにブレーキを数回に分けて踏み、停止を促す。
(2) 歩行者が飛び出してきたり、対向車のドアが開いたりするかもしれないので、注意して進行する。
(3) 渋滞している車の間から人が出てきているが、自車の存在に気づいているため道を譲ると思われるので、そのまま進行する。

25

## 第7回 普通免許試験問題

制限時間 **50**分　合格ライン **90**点（100点満点中）

※解答・解説は36ページ

**自己採点**（問1〜90各1点　問91〜95各2点）

| 1回目 | 点 | 2回目 | 点 |
|---|---|---|---|

次の問題をよく読んで、正しいと思うものには「正」を、誤りと思うものには「誤」を、それぞれ答えなさい。
ただし、問91〜95のイラスト問題については(1)〜(3)すべてに正解しないと得点にはなりません。

**問1** 交通量が少ないときは、他の道路利用者に迷惑をかけることはないので、自分の利便だけを考えて運転してもよい。

**問2** 違法駐車をして「放置車両確認標章」を取り付けられた車の使用者は、その車を運転するときに、この標章を取り除いてはならない。

**問3** 図1の標識があるところでも、荷物の積みおろしのため運転者がすぐに運転できるときは、車の右側の道路上に6メートルの余地がなくても駐車できる。

**問4** 二輪車は体でバランスをとって走行するので、四輪車とは違った運転技術が必要である。

**問5** 停止距離は速度や積み荷の重さによって変わるが、道路の状態とは特に関係がない。

**問6** 交通整理の行われていない交差点で、狭い道路から広い道路へ入ろうとするときは、徐行しなければならない。

**問7** 高速道路から一般道路に出るときは、速やかに一般道路に見合った運転方法をとらなければならないが、特に高速運転に慣れた後は速度超過になりがちなので十分注意する。

**問8** 交差点や横断歩道の手前に表示されている停止線は、車の停止位置の目安であるから、停止線を少しなら越えて停止してもよい。

**問9** トラックに荷物を積んだとき、荷物の見張りのため荷台に1人乗せる場合は、警察署長の許可は必要ない。

**問10** 図2の標識がある通行帯を、午後8時に普通自動車で通行した。

**問11** 対面する信号機の信号が赤色であったが、警察官が手信号で「進め」の合図をしたので、その手信号に従って進行した。

**問12** 坂道で行き違うとき、上り側のほうに待避所があったが、上りが優先するので待避所に入らないで進行した。

**問13** 二輪車のエンジンをかけたままであっても、押して歩けば歩道を通行してもよい。

**問14** 上り坂の頂上付近やこう配の急な下り坂は駐停車禁止場所だが、こう配の急な上り坂は駐停車が禁止されていない。

**問15** 道路交通法には、交通の安全と円滑を図るという目的もある。

**問16** 高速道路は一般原動機付自転車で通行してはならないが、総排気量125ccの普通自動二輪車は通行できる。

**問17** 図3の信号に対面する車は、他の交通に注意して徐行すれば交差点に進入することができる。

**問18** 霧や吹雪のときは、霧灯や前照灯を早めにつけ、中央線やガードレールや前の車の尾灯を目安に、速度を落として走行する。

**問19** 運転者はドアをロックし、同乗者が不用意に開けたりしないように注意しなければならない。

**問20** 夜間、一般道路に駐車するとき、道路照明などにより50メートル後方から見える場合は、非常点滅表示灯、駐車灯または尾灯をつけなくてもよい。

**問21** 図4のような手による合図は、徐行か停止を意味している。

**問22** 免許の停止、仮停止処分は、取り消し処分と違うので、その期間中であっても、必要なときは運転してもよい。

**問23** 信号機のある交差点で、停止線のないときの停止位置は、信号機の直前である。

**問24** 大型自動二輪車や普通自動二輪車での二人乗りは、一人乗りと比べて運転特性に違いがあるので、一人乗りでの運転に十分に慣れてから行うとよい。

**問25** 雨の日は道路が滑りやすく停止距離が長くなるが、重い荷物を積んでいるときは、反対に停止距離は短くなる。

**問26** 加速車線は、本線車道に含まれる。

**問27** 大地震が起きた場合は、できるだけ安全な方法で停止して、エンジンを止める。

**問28** 車は、横断歩道や自転車横断歩道や自転車横断帯と、その手前から30メートル以内の場所では、自動車や一般原動機付自転車を追い越してはならない。

**問29** 自動車に荷物を積んだとき、方向指示器が見えなくても、手による合図が他の車から見て確認できれば運転してよい。

**問30** 交通事故を起こしても、相手との間に話し合いがつけば、警察官に報告しなくてもよい。

**問31** 図5の標識のあるところでは、車は停車してはならない。

**問32** 子どもが一人で歩いているそばを通るときは、必ず一時停止して安全に通行させなければならない。

**問33** オートマチック車のエンジンブレーキは効果がないので、下り坂を下るときはフットブレーキとハンドブレーキを使って走行する。

**問34** 片側が転落するおそれがあるがけになっている道路で、安全に行き違うことができないときは、がけの反対側の車が一時停止して進路を譲らなくてはならない。

図1　駐車余地6m

図2　路線バス 7:00-8:00

図3

図4

図5

## 第7回 普通免許試験問題

問35 エンジンの総排気量が50ccを超え400cc以下、または定格出力が0.6kWを超え20.0kW以下の二輪の自動車を、「普通自動二輪車」という。

問36 警察官などの手信号で、横に水平に上げた腕に平行する交通については、青色の灯火の信号と同じ意味である。

問37 一般原動機付自転車の乗車用ヘルメットの着用は、近くへの買い物や近所の用事のときは免除される。

問38 図6の標識があるところでは、一般原動機付自転車は自動車と同じ方法で右折しなければならない。

問39 オートマチック二輪車は、クラッチ操作がいらない分、スロットルを急に回転させると急発進する危険があるので注意する。

問40 自動車の排気ガスは、一酸化炭素、炭化水素、窒素酸化物などの有害ガスを含んでいて、大気汚染の原因になっている。

図6

問41 図7の標示は、「停車禁止」を表し、その中に停車してはならないことを示している。

問42 二輪車を点検するときは、灯火装置が正常に働くか、バックミラーはよく調整されているかなどについても点検する必要がある。

問43 違法な駐車車両は、交通の妨害、交通事故の原因、緊急車両の妨害など、交通上や社会生活上に大きな障害となる。

問44 一般原動機付自転車の荷台には、60キログラムまで荷物を積むことができる。

問45 踏切警手のいる踏切では、一時停止しなくてもよい。

図7

問46 横断歩道や自転車横断帯とその端から前後5メートル以内の場所では、駐車も停車もしてはならない。

問47 車両通行帯のない道路では、速度の速い車は原則として道路の中央寄りの部分を通行しなければならない。

問48 走行中、カーナビゲーション装置に表示された画像を注視して運転してはならない。

問49 火災報知機から1メートル以内の場所は、人の乗り降りのためでも、車を止めてはならない。

問50 雨の日に運転するときは、道路の地盤がゆるんでいることがあるので、路肩に寄りすぎないようにする。

問51 二輪車は四輪車と違い、他の交通の妨げになることは少ないので、駐車禁止場所でも駐車することができる。

問52 交差点に図8の標示板があるときは、前方の信号が赤色や黄色であっても、自動車や一般原動機付自転車は他の交通に注意しながら左折することができる。

図8

問53 駐車場、車庫などの自動車用の出入り口から3メートル以内の場所は、駐停車禁止場所である。

問54 二輪車を選ぶときは、シートにまたがったとき、両足のつま先が地面に届かないくらいがよい。

問55 見通しの悪い交差点にさしかかったところ、交差道路に一時停止の標識があるのが見えたので、交差道路の車は一時停止してくれると思い、そのままの速度で進行した。

問56 高速自動車国道の本線車道では最低速度が定められているが、自動車専用道路の本線車道では定められていない。

問57 追い越されようとするとき、相手に追い越すための十分な余地がないときは、進路を譲らなくてもよい。

問58 高速になればなるほど、ハンドルの切り方は、遅めに大きくする。

問59 図9の標識は、自動車と一般原動機付自転車が通行できることを表している。

問60 標識や標示によって指定されていない一般道路において、総排気量250ccを超える二輪車の最高速度は、時速50キロメートルである。

図9

問61 故障車をロープやクレーンなどでけん引するときは、けん引免許は必要ない。

問62 交通規則は、みんなが道路を安全、円滑に通行する上で守るべき共通の約束ごととして決められているものである。

問63 雪道では、前の車が通った跡は非常に滑りやすくなっているので、できるだけ車輪の跡を避けて通るべきである。

問64 前の車との車間距離が短いほど、前の車が急停止したときに、追突の危険が高い。

問65 走行中にタイヤがパンクしたときは、ハンドルをしっかり握り、車の方向を直すことに全力を傾け、断続的にブレーキをかけて止めるのがよい。

問66 図10の手による合図は、右折か右に進路変更するときの合図である。

図10

問67 車を後退させるとき、車の下や前後の安全を確かめたあとで、警音器を鳴らした。

問68 すり減ったタイヤで濡れた舗装道路を走行するときは、摩擦力が小さくなるため、停止距離は長くなる。

問69 夜間、照明のない道路で駐停車するときは、尾灯や駐車灯などをつけるか、停止表示器材を置かなければならない。

問70 二輪車で砂利道などを走行するときは、あらかじめ速度を落とし、大きなハンドル操作はしない。

問71 横断歩道や自転車横断帯に近づいてきたとき、横断する人や自転車がいないことがはっきりしない場合は、その手前で停止できるように速度を落として進まなければならない。

問72 すべての薬が運転に不向きとはいえないが、眠気を誘う薬を飲んだ場合は、車を運転しないほうがよい。

問73 図11の標識のあるところでは、タイヤチェーンを取り付けないで通行してはいけない。

問74 四輪車のシートベルトの腰ベルトは、腹部にかかるようにゆるく締めるのがよい。

問75 放置違反金の納付を命ぜられた車の使用者は、それ以前に放置違反金の納付を命じられたことがあっても、車が使用できなくなることはない。

図11

問76 高速道路の案内標識は目につきやすいので、目的地への方向や距離、出口などの案内標識に特に注意する必要はない。

問77 交通事故が起きたときは、過失の大きいほうが警察官に届けなければならない。

## 第7回 普通免許試験問題

**問78** 大型自動車等で左折するとき、一時右側に寄ることがあるが、子どもの自転車などが左側があいていると思って通行することがあるので、内輪差に注意して左折しなければならない。

**問79** 普通自動車で車両総重量が750キログラム以下の車をけん引するときは、けん引する自動車の免許のほかにけん引免許が必要である。

**問80** 図12の標識は、道路がこの先で上り急こう配になっていることを示している。

**問81** 道路の右側部分に入って追い越しをしようとするときは、特に前方からの交通に十分注意し、少しでも不安があるときは追い越しを始めるべきではない。

**問82** 高速道路で車が故障し、やむを得ず駐車する場合は、必要な危険防止の措置をとった後は、車に残らず安全な場所に避難したほうがよい。

**問83** 二段階右折をする一般原動機付自転車は、右折の合図をするとまわりの運転者が見間違うので、合図はしなくてもよい。

**問84** 踏切で警報機が鳴っていたが、遮断機が下りていなかったので、急いで通過した。

**問85** 黄色の線で区画されている車両通行帯でも、後続車がいない場合はその線を越えて進路を変えてもよい。

**問86** 路面電車に乗り降りする人がいるときは、安全地帯の有無に関係なく、乗降客や道路を横断する人がいなくなるまで停止していなければならない。

**問87** 図13の標識のある道路は、一般原動機付自転車や軽車両も通行できない。

**問88** 最高速度が標識などで指定されていない道路では、運転者が安全と思う速度で運転してもよい。

**問89** 仮運転免許とは、第一種免許を受けようとする人が、練習などのために大型自動車や中型自動車、準中型自動車または普通自動車を運転しようとする場合に必要な免許である。

**問90** 荷台でないところや座席でないところに、荷物を積んではならない。

**問91** 時速40キロメートルで進行しています。対向車線の車が渋滞のため止まっているときは、どのようなことに注意して運転しますか？

  (1) 自転車が急に右折するかもしれないので、追突されないようにブレーキを数回に分けて踏み、速度を落として進行する。

  (2) 後続の二輪車は、自分の車の右側をぬってくると危険なので、できるだけ中央線に寄ってこのままの速度で進行する。

  (3) 対向車の間から歩行者が出てくるかもしれないので、警音器を鳴らして、このままの速度で進行する。

**問92** 高速道路を時速80キロメートルで走行中、右の車が進路変更しようとしています。どのようなことに注意して運転しますか？

  (1) 前の車との車間距離もなく危険なので、スピードを上げて、前方に入れないようにする。

  (2) 前の車との車間距離もなく危険なので、安全を確かめてから左の車線に進路を変える。

  (3) 前の車との車間距離もなく危険なので、後続車に気をつけながら速度を落とす。

28

# 第7回 普通免許試験問題

問93 山道を時速40キロメートルで進行しています。どのようなことに注意して運転しますか？

(1) このままの速度で進行すると、カーブを曲がりきれず、右側のガードレールに衝突するかもしれないので、速度を落として進行する。
(2) 対向車はいないようなので、このまま進行し、カーブから出たら加速して進行する。
(3) カーブの先は急な下り坂になっており、加速しやすくなっているので、低速ギアに切り替えてエンジンブレーキをかけながら進行する。

問94 時速40キロメートルで進行しています。交差点で左折するときは、どのようなことに注意して運転しますか？

(1) 前の車はガソリンスタンドに入るかどうか分からないので、十分車間距離を保って、その動きに注意して進行する。
(2) 前の車も交差点を左折すると思うので、前の車に接近して左折する。
(3) 前の車はガソリンスタンドに入ると思われるので、右側の車線に移り、前の車を追い越して左折する。

問95 時速30キロメートルで進行しています。霧で視界が悪くなっています。どのようなことに注意して運転しますか？

(1) 霧の中に歩行者がいるかもしれないので、減速し必要に応じて警音器を鳴らして進行する。
(2) 急に減速すると後続車に追突されるかもしれないので、ブレーキを数回に分けて踏む。
(3) 霧は視界を極めて狭くするので、霧灯があるときは霧灯、ないときは前照灯を早めにつけて、速度を落として進行する。

# 普通免許試験問題　解答と解説

※原付車とは、一般原動機付自転車を表す。　　　❗……てごわい問題　✅……数字の暗記で解ける問題

| | | |
|---|---|---|
| 問1 | ✕ | 少量でも運転する人に酒をすすめてはいけない。 |
| 問2 | 〇 | 徐行して安全を確かめる。 |
| ✅問3 | 〇 | 最大積載量5トン以上の貨物車の通行止めを表す。 |
| 問4 | ✕ | 二輪車でも車の間をぬって走ってはいけない。 |
| ✅問5 | ✕ | 速度に関係なく30メートル手前の場所で合図する。 |
| 問6 | 〇 | 設問のようにして道路左側部分の左を通行する。 |
| 問7 | 〇 | 図の標識は山間部や橋の上などに設けられている。 |
| 問8 | ✕ | 特に通行が認められた車以外は通行してはいけない。 |
| 問9 | 〇 | 雨天時に高速道路を走行する場合は注意。 |
| 問10 | 〇 | 設問のように、十分注意して追い越しをする。 |
| ❗問11 | ✕ | 優先道路では例外として追い越しができる。 |
| 問12 | 〇 | 設問のようにして、ハンドブレーキを引く。 |
| 問13 | 〇 | 二輪車の特性を理解して運転することが大切。 |
| 問14 | 〇 | 黄色の線を越えての進路変更は禁止。 |
| ❗問15 | ✕ | 左右の安全を確かめれば、一時停止の必要はない。 |
| 問16 | ✕ | 露出が多いとかえって疲労し、転倒時にも危険。 |
| 問17 | ✕ | 図は、「T形道路交差点あり」を表す。 |
| 問18 | 〇 | 設問のようにするか、停止表示器材を置く。 |
| ✅問19 | 〇 | 750キログラムを超えるときは、免許が必要。 |
| 問20 | 〇 | 設問のように、前照灯を下向きに切り替える。 |
| 問21 | 〇 | 同乗者にも乗車用ヘルメットを着用させる。 |
| ✅問22 | ✕ | 普通車は、2台までロープでけん引できる。 |
| 問23 | ✕ | 警察官や交通巡視員の手信号が優先する。 |
| ❗問24 | 〇 | 設問のような場合は専用通行帯を通行できる。 |
| 問25 | 〇 | 急な進路変更は危険を伴う。 |
| 問26 | ✕ | 高速道路に入る前に積み荷の点検をする。 |
| ❗問27 | ✕ | 自動車損害賠償責任共済も強制保険。 |
| 問28 | 〇 | 歩行者や二輪車を巻き込まないように注意する。 |
| 問29 | 〇 | 設問のようにして追い越しをしてはいけない。 |
| ✅問30 | 〇 | 設問のようにして、ロープ中央に白い布をつける。 |
| ❗問31 | ✕ | 「駐車禁止」を表すので、停車できる。 |
| 問32 | 〇 | 不必要な合図は、危険なのでしてはいけない。 |
| 問33 | ✕ | 追い越しが終わるまで速度を上げてはいけない。 |
| 問34 | ✕ | 設問のようにするとかえって横滑りが大きくなる。 |
| ❗問35 | 〇 | エンジンの過熱を防止するための装置である。 |
| 問36 | ✕ | 吸いがらなどを投げ捨ててはいけない。 |
| 問37 | ✕ | 乗車用ヘルメットの代わりにはならない。 |
| ✅問38 | ✕ | 図は徐行（およそ時速10キロメートル以下）を表す。 |
| 問39 | ✕ | 速度を落とすときは、エンジンブレーキもかける。 |
| ✅問40 | ✕ | 普通免許では最大積載量2トン未満まで。 |
| 問41 | ✕ | 低速ギアのまま変速しないで、一気に通過する。 |
| 問42 | ✕ | 同乗用の乗車装置がないとできない。 |
| 問43 | 〇 | 他人に迷惑をかける運転はしてはいけない。 |
| 問44 | 〇 | 自家用の普通乗用自動車は、1年ごとに定期点検を行う。 |
| 問45 | ✕ | 「信号機あり」。押しボタン式の信号とは限らない。 |
| ❗問46 | ✕ | 設問の場合、子どもはあと4人しか乗車できない。 |
| 問47 | ✕ | 正しい運転姿勢を保つため疲労の軽減に役立つ。 |
| 問48 | 〇 | 設問のような場合、標識の時間内で駐車できる。 |
| 問49 | ✕ | 前進は「D」、後退は「R」、駐車は「P」に入れる。 |
| 問50 | ✕ | 視界が悪く滑りやすいので、危険度は高くなる。 |
| 問51 | ✕ | ブレーキレバーには、適度なあそびが必要。 |
| 問52 | ✕ | 図は「危険物積載車両通行止め」を表す。 |
| 問53 | 〇 | 必ずしも道路の中央にあるとは限らない。 |
| 問54 | ✕ | 矢印に沿って、中心の内側を徐行する。 |
| 問55 | ✕ | 横断者の有無に関係なく、禁止されている。 |
| ✅問56 | 〇 | 本線車道の最低速度は、時速50キロメートル。 |
| 問57 | ✕ | あらかじめ道路の右端に寄る。 |
| ✅問58 | 〇 | 一般道路と同じ、時速60キロメートル。 |
| 問59 | 〇 | 速やかに道路の区間以外の場所に車を移動する。 |
| 問60 | 〇 | いずれも徐行場所に指定されている。 |
| 問61 | 〇 | 「左折の方法」を表す。 |
| 問62 | ✕ | 自分本位の判断で運転しては危険。 |
| 問63 | ✕ | 必ず一時停止をして、安全を確認する。 |
| 問64 | ✕ | 原付車や二輪車であっても、駐停車禁止。 |
| ❗問65 | 〇 | 道路外が安全な場所なら、そこに出て衝突を回避。 |
| 問66 | ✕ | 許可なく荷台に乗せられるのは必要最少限度の人員。 |
| 問67 | 〇 | 道路を車庫代わりに使ってはいけない。 |
| ❗問68 | 〇 | 駐停車禁止路側帯の中で止めることはできない。 |
| 問69 | 〇 | 設問のように、安全運転の妨げになる。 |
| 問70 | 〇 | 設問のようにして、タイヤが滑るのを防止する。 |
| 問71 | ✕ | 疲れているときは、空走距離が長くなる。 |
| 問72 | 〇 | ペダルには適度なすき間（踏み残ししろ）が必要。 |
| 問73 | ✕ | 警音器は鳴らさず、速度を落とし左右の安全確認。 |
| ❗問74 | 〇 | 交差点を避け、道路の左側に寄って一時停止する。 |
| ❗問75 | ✕ | 一時停止か徐行ではなく、必ず一時停止。 |
| 問76 | ✕ | 高速道路の本線車道では、後退してはいけない。 |
| 問77 | 〇 | 止血するなどして可能な応急措置を行う。 |
| 問78 | 〇 | 環状交差点で、右回り通行が指定されているもの。 |
| 問79 | 〇 | 設問のようにして許可を受ければ、運送は可能。 |
| 問80 | 〇 | 転回禁止区間がここで終わることを表す。 |
| 問81 | ✕ | 安全を確認すれば、側方を通過してよい。 |
| ❗問82 | ✕ | 車内に残らず、道路外の安全な場所に出て待機。 |
| ❗問83 | 〇 | 設問のような場合、後方で停止して待つ必要がある。 |
| 問84 | ✕ | 室内灯は、バス以外は走行中つけてはいけない。 |
| 問85 | 〇 | 設問の場所は、追い越し禁止場所。 |
| 問86 | ✕ | 注意を促すために警音器を鳴らしてはいけない。 |
| 問87 | 〇 | 図は「指定方向外進行禁止」。矢印以外へは進行不可。 |
| 問88 | ✕ | 歩行者横断時は必ず一時停止し道を譲る必要がある。 |
| ✅問89 | 〇 | 速度の二乗に比例するので、4倍になる。 |
| 問90 | 〇 | 自分の性格やくせをカバーして安全運転に努める。 |
| 問91 (1) | ✕ | 速度を落として、急な行動に備える。 |
| (2) | ✕ | 自転車は、すぐに横断を開始するおそれがある。 |
| (3) | 〇 | 自転車は、すぐに横断を開始するおそれがある。 |
| 問92 (1) | ✕ | カーブを曲がりきれなくなるおそれがあり、危険。 |
| (2) | 〇 | 対向車が中央線を越えて進行するおそれがある。 |
| (3) | 〇 | 衝突のおそれがあるので、速度を落とす。 |
| 問93 (1) | ✕ | 対向車は自車の通過を待ってくれるとは限らない。 |
| (2) | ✕ | 対向車の右折を避けられず衝突するおそれがある。 |
| (3) | 〇 | 対向車は急に右折してくるおそれがある。 |
| 問94 (1) | ✕ | 急に本線車道に入ってくるおそれがある。 |
| (2) | 〇 | 危険を予測して進路を変えるのは正しい運転行動。 |
| (3) | ✕ | このままの速度で進行すると、かえって危険。 |
| 問95 (1) | 〇 | 速度計を見て、速度超過に注意する。 |
| (2) | ✕ | 歩行者が自車に気づいて止まるとは限らない。 |
| (3) | 〇 | 歩行者が見えなくなる現象（蒸発現象）に備える。 |

# 第2回 普通免許試験問題 解答と解説

※原付車とは、一般原動機付自転車を表す。　　❗……てごわい問題　✅……数字の暗記で解ける問題

| | | |
|---|---|---|
| 問1 | ✕ | 歩行者の妨げになるので、物を置いてはいけない。 |
| 問2 | ✕ | 路面状態が悪いと、停止距離が長くなる。 |
| 問3 | ◯ | 図は高齢者マークで、幅寄せや割り込みは禁止。 |
| 問4 | ◯ | 二輪車のチェーンには適度なゆるみが必要。 |
| ✅問5 | ◯ | 駐車の定義は設問のとおり。 |
| 問6 | ◯ | はみ出しは、最小限にしなければならない。 |
| ❗問7 | ✕ | やや高めにし、スタンディングウェーブ現象を防ぐ。 |
| 問8 | ◯ | 後退するときの手による合図は、設問のようにする。 |
| ✅問9 | ✕ | 設問の場合、普通二輪免許か大型二輪免許が必要。 |
| 問10 | ✕ | 図の標識は、「踏切あり」を表す。 |
| 問11 | ◯ | 交差点を避け、道路の左側に寄り、一時停止する。 |
| ❗問12 | ✕ | 車間距離を多くとり、前車の制動灯などに注意する。 |
| 問13 | ◯ | 二輪車の運転には目につきやすいものを着用する。 |
| 問14 | ◯ | 2つの車両通行帯にまたがって通行してはいけない。 |
| ❗問15 | ✕ | 他の交通に注意して進行できる。 |
| 問16 | ◯ | ハンドルをしっかり握り、ふらつかないように注意する。 |
| 問17 | ✕ | 図は、「横断歩道」を示している。 |
| 問18 | ◯ | 反対方向からの列車にも注意しなければいけない。 |
| 問19 | ◯ | 設問の場合、けん引免許は必要ない。 |
| 問20 | ◯ | エンスト防止のため低速ギアのまま一気に通過する。 |
| 問21 | ◯ | 運転の妨げとなり危険なので、使用してはいけない。 |
| 問22 | ◯ | 設問の車を運転するときは、原付免許は必要ない。 |
| 問23 | ✕ | 赤信号と同じなので直進や右左折をしてはいけない。 |
| ❗問24 | ✕ | A方向は、追い越しのためにはみ出して通行できる。 |
| 問25 | ◯ | 設問のような場合、道路の右端に寄って徐行する。 |
| ✅問26 | ✕ | 設問の場合、法定最高速度は時速100キロメートル。 |
| 問27 | ✕ | 負傷者がいなくても、必ず届け出なければならない。 |
| 問28 | ✕ | 歩行者がいなくても、徐行しなければいけない。 |
| 問29 | ✕ | 設問のような場合、ギアをバックに入れる。 |
| ❗問30 | ◯ | 設問のようにして、状況に応じた行動をする。 |
| 問31 | ◯ | 図は「中央線」を表す。 |
| 問32 | ✕ | たとえ二輪車でも、路側帯を通行してはいけない。 |
| 問33 | ◯ | たとえ一時的でも、許されていない。 |
| 問34 | ✕ | 雨の日は制動距離が伸びるので車間距離を多くとる。 |
| 問35 | ◯ | 死角に潜んでいる危険を予測する必要がある。 |
| 問36 | ◯ | 他の人に迷惑をかけるような行為をしてはいけない。 |
| 問37 | ✕ | 二輪車に乗ったままでは、路側帯は通行不可。 |
| 問38 | ◯ | 図は、自分の通行している道路が優先道路を表す。 |
| 問39 | ✕ | 1年を経過しないと、二人乗りをしてはいけない。 |
| 問40 | ◯ | 四輪車のファンベルトは、適当なたわみが必要。 |
| ✅問41 | ◯ | 設問のような場合、灯火をつけなければいけない。 |
| 問42 | ◯ | 二輪車は、大型車の死角に入らない配慮が必要。 |
| ❗問43 | ◯ | 左折する場合は、専用通行帯を通行できる。 |
| 問44 | ◯ | 車の前後、定められた位置につけなければいけない。 |
| 問45 | ◯ | 前方に横断歩道や自転車横断帯があることを表す。 |
| 問46 | ✕ | 障害物のあるほうの車が、反対側の車に進路を譲る。 |
| ✅問47 | ◯ | 時速80キロメートルでの停止距離は約80メートル。 |
| 問48 | ✕ | 追い越しは、特に禁止されていない。 |
| 問49 | ✕ | 片手で運転するのは、危険なので禁止。 |
| 問50 | ✕ | 前照灯を上向きにするか点滅させて知らせる。 |
| 問51 | ◯ | 滑りやすい路面なので、設問のようにする。 |
| ❗問52 | ✕ | 図は「軌道敷内通行可」。普通車に限らず通行できる。 |
| ✅問53 | ◯ | 右折の合図は、30メートル手前の地点で行う。 |
| 問54 | ◯ | 二輪車は自分の体格にあった車種を選ぶ。 |
| ❗問55 | ✕ | 「警笛区間」を表す。設問の場合は必要ない。 |
| ❗問56 | ◯ | 高速自動車国道で、設問のような車は通行できる。 |
| 問57 | ◯ | 設問の場合の費用は運転者か所有者が負担する。 |
| ❗問58 | ✕ | 登坂車線、加速車線、減速車線は含まれない。 |
| ✅問59 | ✕ | 設問の場合の最高速度は時速60キロメートル。 |
| 問60 | ✕ | 道路の左側に寄って、進路を譲らなければいけない。 |
| 問61 | ◯ | 設問のような車の運転はしてはいけない。 |
| 問62 | ✕ | 設問のような場合、道路に水をまいてはいけない。 |
| ❗問63 | ✕ | キーは携帯せず、窓を閉めドアはロックせずに避難。 |
| 問64 | ◯ | 空走距離はブレーキをかけていない距離を指す。 |
| 問65 | ◯ | 設問のようにして、安全を確保する。 |
| ✅問66 | ◯ | 最高速度時速50キロメートル区間の始まりを表す。 |
| ❗問67 | ✕ | 歩行者がいなければ徐行する必要はない。 |
| 問68 | ◯ | 設問のとおり。サイレンを鳴らさない場合もある。 |
| ❗問69 | ✕ | 停止表示器材を置けば、つけなくてもかまわない。 |
| 問70 | ◯ | 二輪車を運転するときは、設問のような注意が必要。 |
| 問71 | ◯ | 後部座席の同乗者にも着用させなければいけない。 |
| 問72 | ◯ | 運転に集中できなくなり、危険なので運転は控える。 |
| 問73 | ✕ | 右折か転回、または右に進路変更するときの合図。 |
| 問74 | ✕ | 停止するおそれがあるときは、進入してはいけない。 |
| 問75 | ✕ | 自賠責保険（責任共済）には、必ず加入が必要。 |
| 問76 | ✕ | 設問の場合、転回、横断、後退をしてはいけない。 |
| ❗問77 | ◯ | 負傷者の救護や故障車両の移動などに協力しよう。 |
| 問78 | ✕ | 設問のような場合、左側を通行する。 |
| ✅問79 | ◯ | カーブが急になるほど遠心力は大きく作用する。 |
| 問80 | ◯ | 設問のとおり「導流帯」を表す。 |
| 問81 | ✕ | 他の交通の妨げとなるときは、してはいけない。 |
| 問82 | ✕ | 設問のような場所を休憩のために使ってはいけない。 |
| 問83 | ✕ | 見通しに関係なく、徐行しなければいけない。 |
| 問84 | ◯ | 後輪が滑った方向にハンドルを切る。 |
| 問85 | ✕ | 道路の状況や他の交通に応じて、通行できる。 |
| 問86 | ✕ | 運転に集中できないので、後部座席に乗せる。 |
| 問87 | ◯ | 設問の車は、反対方向には通行できない。 |
| 問88 | ◯ | 高齢者や子どもなどを見かけたら、特に注意が必要。 |
| ✅問89 | ✕ | 左右から車体の幅の1/10をはみ出してはいけない。 |
| 問90 | ◯ | ゆとりのある運転計画を立てよう。 |
| 問91 (1) | ✕ | 歩行者や自転車の進行を妨げてはいけない。 |
| (2) | ◯ | 後続車に注意しながら、減速する。 |
| (3) | ✕ | 歩行者や自転車が無理に横断するおそれがある。 |
| 問92 (1) | ✕ | タクシーが急に減速して追突するおそれがある。 |
| (2) | ✕ | 客を乗せるために、急に止まるおそれがある。 |
| (3) | ✕ | タクシーに乗客がいれば、急に止まるとは限らない。 |
| 問93 (1) | ✕ | 対向車は自車の通過を待ってくれるとは限らない。 |
| (2) | ✕ | 正面衝突するおそれがあり、危険。 |
| (3) | ◯ | 速度を落として、対向車を先に行かせる。 |
| 問94 (1) | ◯ | 最も安全な方法で、同乗者を降ろす。 |
| (2) | ◯ | 二輪車の接近に備えて、同乗者に注意を与える。 |
| (3) | ✕ | 二輪車が側方を通過してくるおそれがある。 |
| 問95 (1) | ✕ | 積雪が深く安全に進路変更できないおそれがある。 |
| (2) | ✕ | 子どもたちは、避けてくれるとは限らない。 |
| (3) | ◯ | 設問のように、停止して子どもを通過させる。 |

# 普通免許試験問題 解答と解説

※原付車とは、一般原動機付自転車を表す。

❗……てごわい問題　✅……数字の暗記で解ける問題

| | | |
|---|---|---|
| 問1 | ✖ | 相手の過失に関係なく届け出るようにする。 |
| ✅問2 | ✖ | 転回しようとする30メートル手前で行う。 |
| 問3 | ⭕ | 設問のような場合、通行区分に従う必要はない。 |
| 問4 | ✖ | 運転の妨げとなり危険なため、禁止。 |
| ❗問5 | ✖ | 自宅の車庫の出入り口でも駐車してはいけない。 |
| 問6 | ✖ | 標示内で停止はできないが、通過はできる。 |
| ❗問7 | ✖ | 原付車は設問の道を通行してはいけない。 |
| 問8 | ⭕ | 直進や左折をする車の進行を妨げてはならない。 |
| ❗問9 | ✖ | 制動距離には関係あるが、空走距離には関係がない。 |
| 問10 | ✖ | 交差点を避け道路の左側に寄って一時停止が必要。 |
| ❗問11 | ✖ | 特に通行を認められた車だけは通行できる。 |
| 問12 | ✖ | ハンドブレーキも効果があるので、引いてみるべき。 |
| 問13 | ✖ | 二輪車のチェーンは、適当なゆるみが必要。 |
| 問14 | ✖ | 自動車は、原則として道路の左側に寄って通行する。 |
| ❗問15 | ✖ | 二段階右折する原付車は信号に従って右折できる。 |
| 問16 | ✖ | 設問の場合に関係なく、速度の遅い車は通行できる。 |
| 問17 | ✖ | 図は「自動二輪車の二人乗り禁止」を表す。 |
| 問18 | ⭕ | 設問のようにして、列車の運転士に知らせる。 |
| 問19 | ✖ | 少量でも酒を飲んで車を運転してはいけない。 |
| 問20 | ⭕ | 踏切内で停止のおそれがあり進入してはいけない。 |
| 問21 | ⭕ | エンジンの回転数が低いと、設問のようになる。 |
| ✅問22 | ✖ | 最大2000キログラム未満、定員10人以下まで。 |
| ❗問23 | ✖ | 安全に停止できない場合は、そのまま進める。 |
| 問24 | ⭕ | B車は優先道路を通行している。 |
| 問25 | ✖ | 速度に関係なく左側寄りを通行しなければいけない。 |
| ❗問26 | ⭕ | タイヤの空気圧はやや高めに調整する。 |
| 問27 | ✖ | 他の交通に注意して進行できる。 |
| 問28 | ✖ | 設問の行為は、追い抜きという。 |
| 問29 | ✖ | 後退灯をつけるか、手による後退の合図がある。 |
| 問30 | ✖ | 二次災害防止のため、積載物についても報告する。 |
| ✅問31 | ⭕ | 設問のようにして、左側に余地をあけて止める。 |
| 問32 | ⭕ | 設問のとおり。注意して運転しなければいけない。 |
| ❗問33 | ✖ | 一時停止して、安全を確かめなければいけない。 |
| 問34 | ⭕ | その後、安全な場所で停止して点火スイッチを切る。 |
| 問35 | ⭕ | 設問のような点検をする。 |
| 問36 | ⭕ | 設問のとおり。規制標示と指示標示の2種類がある。 |
| 問37 | ⭕ | 設問のように、二人乗りが安全にできるものを選ぶ。 |
| ❗問38 | ⭕ | 「駐車禁止」の標示。人の乗り降りは停車である。 |
| 問39 | ✖ | 車体を傾けて自然に曲がる要領で行うのが安全。 |
| ✅問40 | ⭕ | 設問のように、衝撃力は速度の二乗に比例する。 |
| 問41 | ✖ | 光が乱反射してかえって見えにくくなる。 |
| ❗問42 | ✖ | 図は「遠隔操作型小型車標識」である。 |
| ❗問43 | ✖ | すべての同乗者に着用させなければいけない。 |
| 問44 | ⭕ | 他人に迷惑をかけるので、行ってはいけない。 |
| 問45 | ⭕ | 設問のようにして、前後輪のブレーキをかける。 |
| 問46 | ⭕ | 設問のような場合、進路を変更してはいけない。 |
| 問47 | ✖ | 最も右側の車両通行帯を通行し続けてはいけない。 |
| ❗問48 | ✖ | 図は「警笛鳴らせ」を表す。見通しは関係ない。 |
| 問49 | ⭕ | クリープ現象の防止のため設問のようにすると安全。 |
| 問50 | ⭕ | 夜間は障害物を早く発見する必要がある。 |
| 問51 | ✖ | かえってバランスをくずし、転倒するおそれがある。 |
| 問52 | ⭕ | 設問のようにもう一度安全を確かめてから発進する。 |
| 問53 | ✖ | 手による合図を行う。 |

| | | |
|---|---|---|
| 問54 | ⭕ | 二輪車は、設問のような乗車姿勢で運転する。 |
| 問55 | ✖ | 必ずしも徐行する必要はなく、注意して通行する。 |
| ✅問56 | ⭕ | 高速自動車国道で、設問のような車の通行は禁止。 |
| ❗問57 | ✖ | 速やかに合図をやめなければいけない。 |
| 問58 | ⭕ | 設問のようにし、追い越されるときに間隔をあける。 |
| ❗問59 | ⭕ | 高齢運転者などに許可される標章車に限り、駐車可。 |
| ✅問60 | ⭕ | 設問の場所では、駐車は禁止。 |
| 問61 | ✖ | わかりやすい道路のほうが安全で短時間で着く。 |
| 問62 | ✖ | 警察官の正面に平行する交通は、青信号と同じ。 |
| 問63 | ✖ | 一時停止して安全を確かめなければいけない。 |
| 問64 | ⭕ | 警音器は、指定場所とやむを得ないときのみ鳴らす。 |
| 問65 | ⭕ | 設問のようにして、一刻も早く運転士に知らせる。 |
| 問66 | ⭕ | 「追い越しのための右側部分はみ出し通行禁止」。 |
| 問67 | ✖ | 交通量の多いところでは、左側のほうが安全。 |
| ❗問68 | ✖ | どのマークも幅寄せや割り込みをしてはいけない。 |
| ❗問69 | ⭕ | 設問のように見えにくくなるのは「蒸発現象」。 |
| 問70 | ✖ | 小さい二輪車からステップアップするのが安全。 |
| 問71 | ⭕ | 発育の程度に応じたチャイルドシートを使用させる。 |
| ✅問72 | ⭕ | 車両総重量3.5トン以上7.5トン未満の貨物車は運転可。 |
| ✅問73 | ✖ | 設問の場所では、追い抜き、追い越しともに禁止。 |
| ❗問74 | ⭕ | 優先道路を通行しているので、追い越しできる。 |
| 問75 | ⭕ | 設問のとおり、車検証を受けることができない。 |
| 問76 | ✖ | 雨などで濡れているときは、車間距離を多めにとる。 |
| 問77 | ✖ | 自然蒸発によって減るので点検が必要。 |
| 問78 | ⭕ | 設問のような場合、追い越しをしてはいけない。 |
| ❗問79 | ✖ | 避難するときは、ハンドルロックをしてはいけない。 |
| 問80 | ✖ | 設問の場合、安定性が悪く横転しやすいため危険。 |
| ✅問81 | ✖ | 人の乗り降りのための停車もできない。 |
| 問82 | ✖ | 「道路工事中」を示しているが、通行できる。 |
| ✅問83 | ⭕ | 設問の場合、右側部分にはみ出してはいけない。 |
| ❗問84 | ✖ | ハンドルを右に切って立て直す。 |
| ✅問85 | ✖ | 進路を変えようとする約3秒前に行う。 |
| 問86 | ⭕ | 設問のとおり、通行できない。 |
| 問87 | ✖ | 図は「自転車横断帯」を示す。 |
| ❗問88 | ✖ | こう配の急な上り坂は追い越しが禁止されていない。 |
| ✅問89 | ⭕ | 30センチメートル以内であれば、はみ出して積める。 |
| 問90 | ✖ | 広く目を配り、多くの情報をとらえる。 |
| 問91(1) | ✖ | すぐ左側を走行している車と接触するおそれがある。 |
| (2) | ⭕ | 安全を確かめ、左側の車線に寄って進路を譲る。 |
| (3) | ✖ | 車間距離はあけず、左側に寄って進路を譲る。 |
| 問92(1) | ✖ | 交差点に入って停止してはいけない。 |
| (2) | ⭕ | 交差点の手前で停止する。 |
| (3) | ✖ | 左側の車の進路の妨げになる。 |
| 問93(1) | ✖ | 右の車が自車に気づかず、衝突するおそれがある。 |
| (2) | ⭕ | 危険を予測して、安全な車間距離をあける。 |
| (3) | ⭕ | 危険を予測して進路を変えるのは正しい運転行動。 |
| 問94(1) | ✖ | 警音器は鳴らさず、速度を落として進行する。 |
| (2) | ✖ | 対向車が接近してきて、衝突するおそれがある。 |
| (3) | ⭕ | 対向車に十分注意しながら、減速して進行する。 |
| 問95(1) | ⭕ | 右折する対向車の動きに十分注意して進行する。 |
| (2) | ⭕ | 設問のように、十分安全を確かめてから進行する。 |
| (3) | ✖ | 対向車が右折してきて衝突するおそれがある。 |

# 第4回 普通免許試験問題 解答と解説

※原付車とは、一般原動機付自転車を表す。　　　　　　　　　　　　　　　　　　❗……てごわい問題　✅……数字の暗記で解ける問題

| | | |
|---|---|---|
| 問1 | ○ | 設問のような場合、できるだけ道路外に駐車させる。 |
| 問2 | × | 速度に応じ左寄りの通行帯を通行する。 |
| ✅問3 | × | 総重量（車、人、荷物）5.5トンを超える車の通行不可。 |
| 問4 | × | 前後輪のブレーキを同時に使用する。 |
| 問5 | × | 設問のような規定はない。 |
| ✅問6 | × | 5分を超える荷物の積みおろしは、駐車に該当する。 |
| 問7 | ○ | 設問のような場合、追い越してはいけない。 |
| 問8 | × | 直接目視して安全を確かめる。 |
| ✅問9 | ○ | タクシーは3か月ごとに定期点検をする。 |
| 問10 | × | 図は「歩行者用路側帯」を表し、軽車両は通行不可。 |
| 問11 | ○ | 設問のような場合、指定に従って通行する。 |
| 問12 | × | 設問のような場合、スリップしやすくなり危険。 |
| ❗問13 | × | 一時停止して、歩行者の通行を妨げないようにする。 |
| ❗問14 | ○ | 危険を避けるためであれば割り込んでもかまわない。 |
| 問15 | × | 交通巡視員の手信号にも従わなければいけない。 |
| ❗問16 | × | 必要最小限度でも後退してはいけない。 |
| ✅問17 | × | 乗車定員11人以上の自動車は通行できない。 |
| 問18 | × | 落輪しないようにやや中央寄りを通行する。 |
| 問19 | ○ | 設問のような場合の点検は、適切な時期に行う。 |
| 問20 | × | 耳でも警報機や列車の通過音を聞いて安全確認。 |
| 問21 | × | 距離は実際より遠く、速度は遅く感じやすい。 |
| 問22 | ○ | 設問の液量は上限と下限の間にあるようにする。 |
| 問23 | ○ | 運転には、その人の性格が大きく影響する。 |
| 問24 | ○ | 右折車は、直進車の進行を妨げてはいけない。 |
| 問25 | × | 交差点の中心の、すぐ内側を徐行する。 |
| ❗問26 | × | 設問の現象は、濡れた路面の高速走行時に発生。 |
| 問27 | × | すぐに警察官に報告しなければいけない。 |
| 問28 | × | 交通量が多いときは、左側のドアから乗り降りする。 |
| 問29 | × | 設問のような場合、徐行しなければいけない。 |
| 問30 | ○ | 万が一の事故のため、救急用具を車に備えておく。 |
| ❗問31 | ○ | 故障でやむを得ず止めるときは、駐停車できる。 |
| 問32 | × | 歩行者、車、路面電車のすべてが通行できない。 |
| ✅問33 | ○ | 設問の場所は、追い越し禁止場所。 |
| 問34 | ○ | 設問のとおり。制動力は大きくなる。 |
| ❗問35 | × | 眠くなったら、車を安全な場所に止めて休憩する。 |
| 問36 | × | 警察官に対面する方向なので赤信号と同じ。 |
| 問37 | × | 急発進するおそれがあるので注意が必要。 |
| ❗問38 | × | 駐停車禁止場所なので5分間でも止められない。 |
| 問39 | ○ | カーブの手前で十分速度を落とす。 |
| ✅問40 | ○ | 設問のとおりの衝撃力を受ける。 |
| 問41 | × | 前方の交差する道路のほうが優先道路。 |
| 問42 | ○ | げたやサンダルをはいて、運転してはいけない。 |
| 問43 | × | 通園バスも優先車。進路を譲らなければいけない。 |
| ✅問44 | × | 速度が2分の1になれば、衝撃力は4分の1に減る。 |
| 問45 | × | 滑り止めを使用して、低速ギアでゆっくり脱出する。 |
| 問46 | ○ | 前方や後方の安全確認をして追い越しなどをする。 |
| 問47 | × | 混雑に関係なく、路側帯を通行してはいけない。 |
| 問48 | ○ | 追い越し禁止場所では追い越しをしてはいけない。 |
| 問49 | ○ | 設問のようにして確認する。 |
| 問50 | ○ | 早めに点灯し、自車の存在を周囲に知らせる。 |
| 問51 | ○ | 安全規格のヘルメットを正しく着用する必要がある。 |
| ❗問52 | ○ | 原付車は、二段階の方法で右折しなければいけない。 |
| 問53 | ○ | 設問のとおり。空走距離には影響しない。 |
| 問54 | ○ | 正しい乗車姿勢でブレーキを操作する。 |
| 問55 | × | 路面電車の左側を通行しなければいけない。 |
| ❗問56 | ○ | 設問の場合、最高速度は一般道路と同じ。 |
| ❗問57 | × | 制動距離ではなく、空走距離という。 |
| 問58 | ○ | 設問のような場合タイヤの空気圧をやや高めにする。 |
| ❗問59 | × | 図は「時間制限駐車区間」。60分以内でも作動させる。 |
| 問60 | × | 曲がるときに後輪が前輪より内側を通ること。 |
| ✅問61 | ○ | 設問のようにして、はみ出して積める。 |
| 問62 | ○ | 思いやりの気持ちを持つことが安全運転につながる。 |
| 問63 | × | 後退しないようにハンドブレーキを使って発進する。 |
| ❗問64 | ○ | 設問のとおり。徐行する必要はない。 |
| 問65 | ○ | 上り坂では後退するおそれがあるので、上り優先。 |
| 問66 | ○ | 警察官に平行する方向の交通は黄信号と同じ。 |
| 問67 | ○ | 二輪車は、四輪車とは違った運転技術が必要。 |
| ❗問68 | × | 歩道や路側帯のない道路は、左端に沿って駐車する。 |
| 問69 | ○ | 設問のような場所では、徐行しなければいけない。 |
| 問70 | × | 歩行者として扱われるので、通行できる。 |
| ✅問71 | × | 横断歩道の端から前後5メートル以内も駐停車禁止。 |
| ✅問72 | ○ | 乗車定員11人以上29人以下は中型に分類される。 |
| 問73 | ○ | 図は「転回禁止」を表し、転回はできない。 |
| 問74 | ○ | あらかじめ呼び出し音が鳴らないようにしておく。 |
| 問75 | × | 原付車でも強制保険に必ず加入しなければいけない。 |
| 問76 | × | 安全な間隔をあければ必ずしも徐行する必要はない。 |
| ❗問77 | ○ | 黄色の灯火の矢印は、路面電車専用。 |
| 問78 | ○ | 設問の場合、一時停止か徐行をしなければいけない。 |
| 問79 | × | 整備してから運転しなければいけない。 |
| 問80 | ○ | 「登坂車線」を表し、速度の遅い車が通行できる。 |
| 問81 | ○ | 速度に関係なく、左側を通行する。 |
| ❗問82 | × | 設問の現象はタイヤが水の上に乗り上げて滑ること。 |
| 問83 | × | 歩行者の有無にかかわらず、徐行して左折する。 |
| 問84 | ○ | 設問のような場合、道路外に出て衝突を回避する。 |
| 問85 | ○ | 設問のとおり。直接自分の目で見て確認する。 |
| 問86 | ○ | 警音器をみだりに使用するとトラブルの原因になる。 |
| ✅問87 | × | 総排気量125cc以下の普通二輪車は通行不可。 |
| 問88 | ○ | 設問のとおり。子どもには十分な注意が必要。 |
| 問89 | × | 遠心力は、カーブの半径が小さいほど大きくなる。 |
| 問90 | ○ | 設問のとおり、3種類に区分されている。 |
| 問91 (1) | × | 左側に寄って安全に追い越しができるようにする。 |
| (2) | ○ | 速度を落とし、前の車との車間距離をあける。 |
| (3) | × | 後続車が対向車と衝突するおそれがある。 |
| 問92 (1) | ○ | 歩行者に水を跳ねないように、速度を落とす。 |
| (2) | ○ | 歩行者の急な飛び出しに備え、速度を落とす。 |
| (3) | ○ | 後続車に注意しながら歩行者の横断に備える。 |
| 問93 (1) | × | 原付車と衝突するおそれがある。 |
| (2) | × | 子どもは急に飛び出してくるおそれがある。 |
| (3) | × | 子どもは急に飛び出してくるおそれがある。 |
| 問94 (1) | ○ | 設問のように、一時停止して安全を確かめる。 |
| (2) | × | 歩行者は自車の通過を待ってくれるとは限らない。 |
| (3) | × | 他の歩行者が現れるおそれがある。 |
| 問95 (1) | × | 対向車の接近が見えず、衝突するおそれがある。 |
| (2) | ○ | 設問のように、トラックの動きに注意して進行する。 |
| (3) | ○ | トラックの動きに注意し、速度を落として進行する。 |

# 第5回 普通免許試験問題 解答と解説

※原付車とは、一般原動機付自転車を表す。

❗……てごわい問題　✅……数字の暗記で解ける問題

問1　⭕　設問のとおり。青信号でも進入してはいけない。
問2　⭕　最も右側以外の通行帯を速度に応じて通行する。
❗問3　❌　7〜9時はバス優先通行帯を表す。他の車も通行可。
問4　❌　取り外すと、騒音が大きくなり周囲に迷惑をかける。
問5　❌　ミラーと目視で右側や右斜め後方の安全確認が必要。
問6　⭕　高齢者の運転を知らせ、保護させる意味もある。
✅問7　❌　最低速度は、車種に関係なく時速50キロメートル。
問8　⭕　交差点はとても危険なので、十分注意して通行する。
✅問9　❌　乗車定員11人から29人までのバスを運転できる。
問10　⭕　道路の中央から右側部分を通行できることを示す。
問11　❌　交差点を避け、道路の左側に寄り、一時停止が必要。
問12　❌　ブレーキを踏まずに、ハンドルを滑った方向に切る。
❗問13　❌　徐行しなければならないという規定はない。
❗問14　⭕　設問の場合は、例外として駐車できる。
問15　⭕　標識には、本標識と補助標識がある。
問16　❌　加速車線で十分加速して本線車道に合流する。
❗問17　⭕　終わりを表す補助標識で、本標識につけられる。
問18　❌　チェーンなどをつけてもスリップするおそれがある。
✅問19　❌　設問の場合、高さ約39メートルから落ちた衝撃力。
問20　⭕　右折するときは、あらかじめ道路の中央に寄る。
✅問21　❌　二人乗りは20歳以上で経験が3年以上の人に限る。
問22　❌　踏みごたえが柔らかいとブレーキの効きが悪くなる。
問23　⭕　車の運転は、認知・判断・操作の繰り返し。
問24　⭕　対向車に注意しながら、やや中央寄りを通行する。
問25　❌　歩行者用道路は、許可された車以外は通行不可。
✅問26　⭕　時速50キロメートル以上出せない車は通行不可。
問27　❌　やむを得ない場合を除き、車で避難してはいけない。
問28　⭕　図は「停止禁止部分」を表し、この中での停止は不可。
❗問29　❌　自転車横断帯の手前で一時停止しなければいけない。
問30　⭕　鍵の管理は運転者だけでなく所有者の責任でもある。
問31　⭕　車の死角は、積載物の大きさに応じて大きくなる。
問32　❌　直進車や、左折車の進行を妨げてはいけない。
✅問33　❌　歩行者や自転車の有無に関係なく、追い越しは禁止。
問34　❌　下り坂ではエンジンブレーキを主に使うようにする。
問35　⭕　設問の条件は、コンタクトレンズの使用も含まれる。
❗問36　⭕　黄色の矢印は、路面電車だけが矢印の方向に進める。
問37　❌　運転の方法が異なるところがあり運転は注意が必要。
❗問38　❌　図は「進行方向別通行区分」を表し、信号に従う。
問39　⭕　低速ギアを使い、一定の速度で通る。
問40　❌　走行距離や運行時の状況で判断し適切な時期に行う。
問41　⭕　踏切の直前で一時停止しなければいけない。
❗問42　❌　前者は前輪ブレーキ、後者は後輪ブレーキをかける。
問43　⭕　右折や左折で横切るなど以外は通行してはいけない。
問44　❌　車検証も、車に備えつけておく必要がある。
問45　⭕　図は「その他の危険」を表す。
問46　❌　運転者が車にいても継続的に停止すれば駐車になる。
問47　❌　必ず合図をしなければいけない。
✅問48　❌　普通貨物車の最高速度は、時速60キロメートル。
問49　⭕　設問のとおり。安易な気持ちで操作しない。
問50　❌　なるべく軽くかけてから必要な強さまで徐々に踏む。
問51　⭕　転倒時に身を守るため、プロテクターを着用する。
問52　❌　「環状の交差点における右回り通行」を示す規制標識。
問53　⭕　設問のようにすれば、一時停止する必要はない。

問54　❌　エンジンを傷めたり転倒したりするおそれがある。
❗問55　❌　橋の上は、特には禁止されていない。
✅問56　⭕　設問のとおり。時速100キロメートル。
問57　❌　正しい運転姿勢を保って運転しなければいけない。
問58　⭕　高速道路上は危険なので、除去を依頼する。
問59　⭕　設問のとおり。普通乗用自動車は、右左折できる。
問60　❌　一時停止か徐行をしなければいけない。
問61　⭕　原付車の乗車定員は、運転者のみ1人。
問62　⭕　交通巡視員に対面する方向の交通は、赤信号と同じ。
問63　⭕　泥や水をはねて、他人に迷惑をかけてはいけない。
問64　⭕　設問のような場合、歩行者に注意して徐行する。
問65　❌　設問の場合は、一時停止の必要はない。
❗問66　⭕　車は、右折と転回をすることができる。
問67　⭕　できるだけ左右均等に積んだほうが安定する。
問68　⭕　図は「大型乗用自動車等通行止め」を表す。
問69　❌　交通量の多い道路はライトを下向きに切り替える。
問70　⭕　車体を傾けて自然に曲がる要領で行う。
問71　❌　設問の場所では、追い越しと追い抜きの両方が禁止。
✅問72　⭕　子ども3人は大人2人と換算するので、乗車できる。
問73　❌　進路変更後、ただちに合図を止めなければいけない。
問74　⭕　交通の状況によっては一時停止して安全確認をする。
問75　⭕　検査標章は、車の前面ガラスに貼る必要がある。
✅問76　⭕　設問の車は、高速道路を通行することができない。
問77　❌　故障車を運転できる免許を持っている必要がある。
問78　❌　仮免許練習中の車への幅寄せや割り込みは禁止。
問79　⭕　原付車でも、酒を飲んだら運転してはいけない。
問80　⭕　「斜め駐車」を表し、設問のようにする必要がある。
問81　❌　自動車、原付車ともに左側の車両通行帯を通行する。
問82　❌　一般道路でも高速道路でも、追い越しの方法は同じ。
問83　❌　両ひざでタンクを締め足先はまっすぐ前方に向ける。
✅問84　⭕　設問のとおり。昼間でもライトをつける必要がある。
問85　⭕　設問のようにして、接触事故を防止する。
✅問86　⭕　制動距離が変化し、2倍程度に延びることがある。
問87　❌　図は、「車両横断禁止」を表す。
❗問88　⭕　上りも下りも、駐停車禁止場所。
✅問89　⭕　設問のとおり。速度の二乗に比例して大きくなる。
問90　❌　眠気を感じたときは、運転を続けてはいけない。
問91（1）❌　坂の頂上付近は徐行場所に指定されている。
　　（2）⭕　設問のように、十分に速度を落として進行する。
　　（3）⭕　警戒標識はカーブがあるという注意を促している。
問92（1）❌　対向車の速度が速く、行き違えないおそれがある。
　　（2）⭕　後方で停止して、対向車の通過を待つのが安全。
　　（3）❌　目測を誤り、対向車が接近してくるおそれがある。
問93（1）❌　歩行者が道路を横断するおそれがある。
　　（2）❌　速度を落とし、歩行者の横断に備える。
　　（3）⭕　後続車に注意しながら、速度を落として進行する。
問94（1）❌　対向車の接近に備え、左側に寄って進行する。
　　（2）❌　対向車が接近してきて、衝突するおそれがある。
　　（3）⭕　対向車の接近に十分注意して進行する。
問95（1）❌　左側に寄りすぎると脱輪するおそれがある。
　　（2）❌　エンスト防止のため、低速ギアのまま通過する。
　　（3）⭕　ハンドルが取られないように注意する。

# 第6回 普通免許試験問題 解答と解説

※原付車とは、一般原動機付自転車を表す。　　　　❗……てごわい問題　　✅……数字の暗記で解ける問題

| 問 | 答 | 解説 |
|---|---|---|
| 問1 | ○ | 免許証を手にすると、社会的責任が重くなる。 |
| 問2 | ○ | 二重駐車となり、禁止されている。 |
| ❗問3 | ○ | 「身体障害者マーク」。身体障害者がつける。 |
| 問4 | ○ | 横滑りや転倒するおそれがあり、危険。 |
| 問5 | × | 設問の内容は「追い越し」。 |
| 問6 | ○ | 歩行者が明らかにいないときは、そのまま進める。 |
| ❗問7 | × | 標識がある側の道路が「優先道路」を表す。 |
| 問8 | ○ | 黄色のペイントを越えて進路を変更してはいけない。 |
| ❗問9 | ○ | 設問のようにして、眠気を感じたら運転を中止する。 |
| 問10 | × | 減速車線に入ってから十分速度を落とす。 |
| 問11 | × | 一時停止して歩行者の有無を確認する必要がある。 |
| 問12 | × | 下りの車が、発進の難しい上りの車に道を譲る。 |
| 問13 | ○ | 二輪車の視線は近いところに向けられる傾向がある。 |
| ✅問14 | ○ | 設問の場所では、駐車をしてはいけない。 |
| ❗問15 | × | 規制標識、指示標識、警戒標識、案内標識の4種類。 |
| 問16 | × | 左側の白線を目安にして通行帯の左寄りを通行する。 |
| 問17 | × | 図は学校、幼稚園、保育所などがあることを表す。 |
| 問18 | ○ | 雨の降り始めは滑りやすく、運転に注意が必要。 |
| ❗問19 | × | 自賠責保険証は、車に備えつけておく必要がある。 |
| ❗問20 | × | 設問の場合、左方を走行するB車が優先。 |
| 問21 | × | 乗車用ヘルメットをかぶらなければいけない。 |
| 問22 | ○ | 排気音が大きくなるので、修理してから運転する。 |
| 問23 | × | 自信過剰な人ほど、事故を起こしやすい傾向がある。 |
| 問24 | ○ | 設問のようなおそれがあるため、左側を通行する。 |
| 問25 | ○ | 合図は、その行為が終わるまで継続する必要がある。 |
| 問26 | × | 本線車道上で、転回や後退、横断は禁止。 |
| 問27 | × | 頭部を打った場合はむやみに動かしてはいけない。 |
| 問28 | × | 事故を起こした責任は、運転者自身にある。 |
| 問29 | ○ | 自転車が横断しようとしているので一時停止が必要。 |
| 問30 | × | 負傷者の救護をしてから警察官に報告する。 |
| ❗問31 | × | 必ずしも一時停止の必要はない。「停止線」を示す。 |
| 問32 | ○ | 車道の左端に沿って駐停車する。 |
| 問33 | × | 原付車であっても追い越しをしてはいけない。 |
| 問34 | ○ | カーブの前の直線部分で、速度を落として進入する。 |
| ❗問35 | × | エンジンを始動する前に点検を行う。 |
| 問36 | × | 灯火が振られている方向の交通は、青信号と同じ。 |
| ❗問37 | × | 前方の青の矢印信号に従って右折できる。 |
| 問38 | × | 0.75メートル以上の路側帯は中に入って駐停車できる。 |
| 問39 | × | 二輪車は前後輪ブレーキを同時にかけるようにする。 |
| ✅問40 | ○ | 12歳未満の子ども3人を大人2人として計算する。 |
| ✅問41 | ○ | トンネルの中などでは、前照灯をつける必要がある。 |
| 問42 | ○ | 二輪車は、運転者の体格にあった車種を選ぶ。 |
| ❗問43 | ○ | 交差点の直前で停止して、安全を確かめる。 |
| ✅問44 | ○ | 荷台から後方0.3メートルまではみ出して積める。 |
| 問45 | ○ | 待避所のある側の車がそこに入って道を譲る。 |
| 問46 | × | 空走距離と制動距離を合わせた距離が停止距離。 |
| 問47 | ○ | 設問のようにして、追い越しをする。 |
| 問48 | × | 後退は特に禁止されていない。 |
| 問49 | × | 急な上り坂では、後退することがある。 |
| 問50 | ○ | 設問のようにして、停止した後エンジンを止める。 |
| 問51 | × | 他の運転者の目につきやすい服装で運転する。 |
| ✅問52 | × | 原付車は時速30キロメートルを超えてはいけない。 |
| 問53 | × | 必ずしも道路の中央に引かれているとは限らない。 |
| 問54 | ○ | 車の間をぬったり、ジグザグに走行をしてはいけない。 |
| 問55 | ○ | げたやハイヒールなどをはいて運転してはいけない。 |
| ✅問56 | × | 大型貨物車の法定最高速度は時速90キロメートル。 |
| 問57 | ○ | ひじがわずかに曲がる状態に合わせる。 |
| 問58 | × | 誤って進入してくることがあるので注意が必要。 |
| 問59 | ○ | 標識の示す方向（左側）を通行しなければいけない。 |
| 問60 | × | 左折や工事などでやむを得ない場合以外は通行不可。 |
| 問61 | ○ | 原付車の乗車定員は、運転者のみ1名。 |
| 問62 | ○ | 補助標識は、本標識の意味を補足するもの。 |
| ✅問63 | × | 速度が2倍になれば制動距離や遠心力は4倍になる。 |
| 問64 | ○ | 対向車と衝突するおそれがある。 |
| ❗問65 | ○ | 安全を確かめれば一時停止する必要はない。 |
| 問66 | ○ | 車は、他の交通に注意しながら進行できる。 |
| 問67 | × | 左側部分を通行できない場合、はみ出して通行できる。 |
| ✅問68 | ○ | 合図は、進路変更をしようとする約3秒前に行う。 |
| ❗問69 | × | 非常点滅表示灯などもつける必要がある。 |
| 問70 | × | 車体と体を傾けて自然に曲がる要領で行う。 |
| ✅問71 | ○ | 設問の場所は追い越しも追い抜きも禁止されている。 |
| ✅問72 | × | 前と後ろの定められた位置につける。 |
| 問73 | ○ | AからBへは進路変更できる。BからAへはできない。 |
| ❗問74 | × | 設問のようにすると、左後輪は脱輪する。 |
| 問75 | × | 原付車でも、強制保険には必ず加入する必要がある。 |
| 問76 | × | 本線車道を通行する車の進行を妨げてはいけない。 |
| ✅問77 | ○ | ロープで故障車をけん引するときは設問のようにする。 |
| 問78 | × | 原則として右側を通行しなければいけない。 |
| 問79 | ○ | ファンベルトは、設問のようにして点検する。 |
| 問80 | × | 図は「二輪の自動車以外の自動車通行止め」を表す。 |
| ❗問81 | × | 直進車や左折車の進行を妨げてはいけない。 |
| 問82 | × | 初心運転者でも高速道路を運転することができる。 |
| 問83 | ○ | 道幅や車両通行帯の有無に関係なく駐停車禁止場所。 |
| 問84 | × | いずれもエンジンブレーキを主として使う。 |
| 問85 | ○ | 図は「車両進入禁止」を表す。 |
| ❗問86 | × | 歩行者の有無に関係なくその直前で一時停止が必要。 |
| 問87 | ○ | 交差点を右左折するときは必ず徐行する必要がある。 |
| 問88 | ○ | シートベルトは、設問のように正しく着用する。 |
| ❗問89 | × | 車検証に記載されている重量を超えてはいけない。 |
| 問90 | × | 片方ではなく、前と後ろの両方につける必要がある。 |
| 問91 (1) | × | 対向車が中央線をはみ出してくるおそれがある。 |
| (2) | ○ | 対向車と原付車に注意し、左へ寄って進行する。 |
| (3) | × | 対向車と衝突するおそれがある。 |
| 問92 (1) | × | 左側の車は、止まって待ってくれるとは限らない。 |
| (2) | × | 警音器は鳴らさず、速度を落として進行する。 |
| (3) | ○ | 自転車の急な行動に備え、自転車の後ろを追従する。 |
| 問93 (1) | ○ | 他の車がいないか、安全を確かめる。 |
| (2) | × | 二輪車は、予想より早く接近してくるおそれがある。 |
| (3) | × | 二輪車と衝突するおそれがある。 |
| 問94 (1) | × | 四輪車が加速して、すぐ接近してくるおそれがある。 |
| (2) | × | 二輪車だけでなく四輪車も接近するおそれがある。 |
| (3) | × | 警音器を鳴らさず、進行を妨げないようにする。 |
| 問95 (1) | ○ | ブレーキを数回に分けて踏み後続車に停止を促す。 |
| (2) | ○ | 危険を予測して、よく確かめて進行する。 |
| (3) | × | 歩行者が自車に気づいて止まるとは限らない。 |

# 第7回 普通免許試験問題 解答と解説

※原付車とは、一般原動機付自転車を表す。

❗……てごわい問題　✅……数字の暗記で解ける問題

問1　✕　他の道路利用者に対して迷惑をかけることがある。
❗問2　✕　事故防止のため、標章を取り除いて運転できる。
問3　◯　「駐車余地6ｍ」を表す。設問のようなとき駐車可。
問4　◯　二輪車は、四輪車と違った運転技術が必要。
問5　✕　雨の日や滑りやすい路面では、停止距離が長くなる。
問6　◯　広い道を通行する車の進行を妨げないように徐行。
問7　◯　速度感覚がマヒするので、速度計を見て確認する。
問8　✕　停止線を越えて停止してはいけない。
❗問9　◯　荷物の見張りのためであれば、許可なく乗せられる。
問10　◯　午前7～8時まで「バス専用」。午後8時は通行可。
❗問11　◯　設問のような場合、警察官の手信号に従う必要がある。
❗問12　✕　待避所があるほうの車がそこに入って進路を譲る。
問13　✕　エンジンをかけたままだと歩行者として扱われない。
❗問14　✕　こう配の急な上り坂も駐停車禁止の場所。
問15　◯　交通の安全と円滑を図るのも道路交通法の目的。
問16　✕　総排気量125ccの二輪車も通行できない。
問17　✕　黄信号は原則、停止位置から先へ進んではいけない。
問18　◯　設問のとおり。さらに必要に応じて警音器を使う。
問19　◯　運転者には、同乗者の安全を守る義務と責任がある。
✅問20　◯　設問のような場合、駐車灯などをつける必要がない。
問21　◯　腕を斜め下に伸ばす合図は、徐行か停止を表す。
問22　✕　免許の効力がなくなるので、運転してはいけない。
問23　✕　停止位置は、交差点の直前。
問24　◯　二人乗りは、一人乗りでの運転に習熟してから行う。
問25　✕　重い荷物を積んでいるときも、停止距離は長くなる。
問26　✕　加速車線は本線車道に含まれない。
問27　◯　設問のとおり安全な方法で停止する。
✅問28　◯　追い越し禁止場所であると同時に、追い抜きも禁止。
問29　✕　設問のような荷物の積み方をしてはいけない。
問30　✕　示談をしないで警察官に報告しなければいけない。
問31　✕　「停車可」の標識なので車は停車することができる。
❗問32　✕　徐行か一時停止して、安全に通行させる。
問33　✕　エンジンブレーキを活用する。
問34　✕　がけ側の車が一時停止して、対向車に道を譲る。
✅問35　◯　「普通自動二輪車」は設問のとおり。
問36　◯　警察官などに平行する交通は、青信号を表す。
問37　✕　短い距離でもヘルメットの着用が必要。
❗問38　◯　「一般原動機付自転車の右折方法（小回り）」を表す。
問39　◯　急発進するおそれがあるので注意が必要。
問40　◯　車の排気ガスは大気汚染の原因になっている。
❗問41　✕　「立入り禁止部分」を表し、中に入ってはいけない。
問42　◯　設問のように、点検が必要。
問43　◯　違法な駐車車両は、さまざまな障害になる。
✅問44　✕　積み荷の重量制限は、30キログラム以下。
❗問45　✕　踏切警手がいても、踏切の直前で一時停止が必要。
✅問46　◯　設問の場所は、駐停車禁止場所。
問47　◯　速度に関係なく道路左側部分を通行する必要がある。
問48　◯　画像を注視して運転してはいけない。
✅問49　✕　停車は禁止ではないので車を止めることができる。
問50　◯　道路の端の路肩には寄りすぎないようにする。
問51　✕　二輪車でも駐車することはできない。
❗問52　◯　「左折可」を表す。他の交通に注意しながら左折可。
✅問53　✕　設問の場所は、駐車禁止場所。

問54　✕　両足のつま先が地面に届くものを選ぶ。
問55　✕　止まるとは限らない。徐行し、追突に備え進行する。
問56　◯　自動車専用道路の本線車道に最低速度規定はない。
問57　✕　設問のような場合できるだけ左に寄って進路を譲る。
問58　✕　ハンドルを早めに小さく操作する必要がある。
問59　✕　自動車と原付車は、通行できない。
✅問60　✕　自動二輪車の最高速度は、時速60キロメートル。
問61　◯　設問の場合、けん引免許は必要ない。
問62　◯　交通規制を守ることは、社会人として基本的な責務。
❗問63　✕　車の通った跡（わだち）を通行するのが安全。
問64　◯　車間距離が短いほど、追突する危険性が高い。
問65　◯　ハンドルをしっかり握り、安全に車を停止させる。
問66　✕　図は、左折か左に進路変更するときの合図。
問67　✕　安全を確かめるが、警音器を鳴らしてはいけない。
問68　◯　設問のような場合、停止距離が長くなる。
問69　◯　設問のようにしなくてはならない。
問70　◯　速度を落とし大きなハンドル操作はせずに通行する。
問71　◯　手前で停止できるように速度を落として進行する。
問72　◯　眠気を誘う薬を飲んだ場合は、車の運転を控える。
問73　◯　タイヤチェーンを装着して通行しなければならない。
問74　✕　腰ベルトは、骨盤を巻くようにしっかりと締める。
問75　✕　車の使用ができなくなる処分を受けることがある。
問76　✕　目的地への必要情報を知るため案内標識を活用する。
問77　✕　過失の度合いに関係なく届け出る必要がある。
❗問78　◯　左折するときは左側の自転車や原付車に注意が必要。
✅問79　✕　750キログラム以下の車のけん引に免許は不要。
問80　◯　「上り急こう配あり」を表す。
問81　◯　不安や危険を感じたら、追い越しを始めるべきでない。
問82　◯　車には残らずに安全な場所に避難する。
問83　✕　右に向きを変えるまで右折の合図は必要。
問84　✕　警報機が鳴っているときは踏切に入ってはいけない。
問85　✕　黄色の線の車両通行帯は進路変更禁止を表す。
❗問86　✕　安全地帯があれば、徐行して通行できる。
❗問87　◯　「車両通行止め」を表し、原付車や軽車両も通行不可。
問88　◯　設問の場合、法定速度を超えて運転してはいけない。
問89　◯　仮免許は設問のように練習のために必要な免許。
問90　◯　荷台や座席以外には、荷物を積んではいけない。
問91 ⑴　◯　後続車に注意しながら、速度を落として進行する。
　　⑵　✕　二輪車の急な飛び出しに対処できない。
　　⑶　✕　警音器は鳴らさず、速度を落として進行する。
問92 ⑴　✕　右の車が自車に気づかず、衝突するおそれがある。
　　⑵　◯　左の車線に進路を変えるのも、安全な運転行動。
　　⑶　◯　後続車に気をつけながら速度を落として進行する。
問93 ⑴　◯　警戒標識は下り坂であるという注意を促している。
　　⑵　✕　この先は下り坂。曲がりきれないおそれがある。
　　⑶　◯　エンジンブレーキをかけながら進行する。
問94 ⑴　◯　前の車の動きに十分注意して進行する。
　　⑵　✕　前の車は、ガソリンスタンドに入る可能性がある。
　　⑶　✕　設問のような場面では、追い越してはいけない。
問95 ⑴　◯　必要に応じて警音器を鳴らして進行する。
　　⑵　◯　設問のように、ブレーキを数回に分けて減速する。
　　⑶　◯　霧灯などを点灯し、減速して進行する。

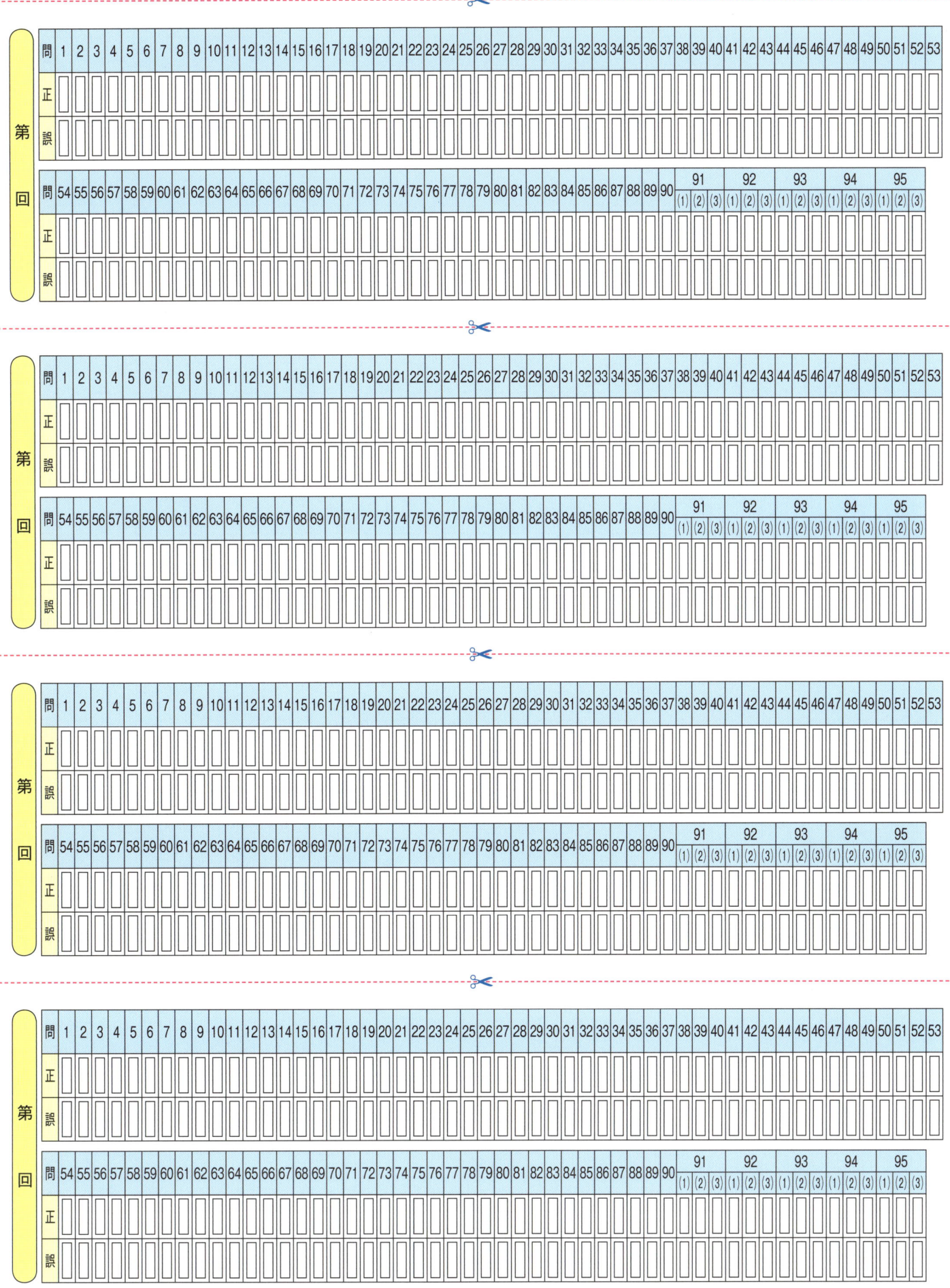

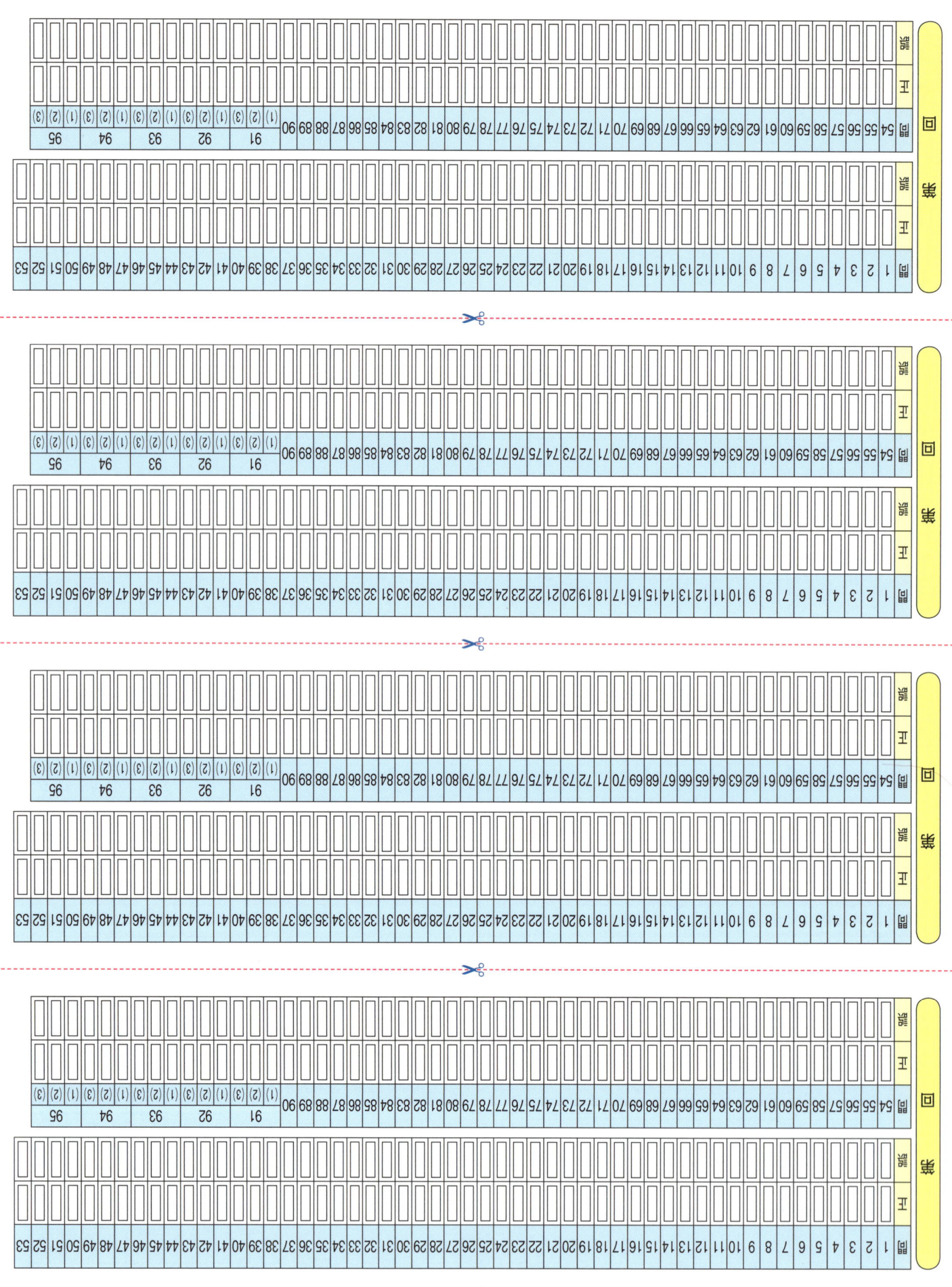

第 回

| 問 | 1 | 2 | 3 | 4 | 5 | 6 | 7 | 8 | 9 | 10 | 11 | 12 | 13 | 14 | 15 | 16 | 17 | 18 | 19 | 20 | 21 | 22 | 23 | 24 | 25 | 26 | 27 | 28 | 29 | 30 | 31 | 32 | 33 | 34 | 35 | 36 | 37 | 38 | 39 | 40 | 41 | 42 | 43 | 44 | 45 | 46 | 47 | 48 | 49 | 50 | 51 | 52 | 53 |
|---|---|---|---|---|---|---|---|---|---|---|---|---|---|---|---|---|---|---|---|---|---|---|---|---|---|---|---|---|---|---|---|---|---|---|---|---|---|---|---|---|---|---|---|---|---|---|---|---|---|---|---|---|---|
| 正 | | | | | | | | | | | | | | | | | | | | | | | | | | | | | | | | | | | | | | | | | | | | | | | | | | | | | |
| 誤 | | | | | | | | | | | | | | | | | | | | | | | | | | | | | | | | | | | | | | | | | | | | | | | | | | | | | |

| 問 | 54 | 55 | 56 | 57 | 58 | 59 | 60 | 61 | 62 | 63 | 64 | 65 | 66 | 67 | 68 | 69 | 70 | 71 | 72 | 73 | 74 | 75 | 76 | 77 | 78 | 79 | 80 | 81 | 82 | 83 | 84 | 85 | 86 | 87 | 88 | 89 | 90 | 91 | | | 92 | | | 93 | | | 94 | | | 95 | | |
|---|---|---|---|---|---|---|---|---|---|---|---|---|---|---|---|---|---|---|---|---|---|---|---|---|---|---|---|---|---|---|---|---|---|---|---|---|---|---|---|---|---|---|---|---|---|---|---|---|---|---|---|---|
| | | | | | | | | | | | | | | | | | | | | | | | | | | | | | | | | | | | | | | (1) | (2) | (3) | (1) | (2) | (3) | (1) | (2) | (3) | (1) | (2) | (3) | (1) | (2) | (3) |
| 正 | | | | | | | | | | | | | | | | | | | | | | | | | | | | | | | | | | | | | | | | | | | | | | | | | | | |
| 誤 | | | | | | | | | | | | | | | | | | | | | | | | | | | | | | | | | | | | | | | | | | | | | | | | | | | |

第 回

| 問 | 1 | 2 | 3 | 4 | 5 | 6 | 7 | 8 | 9 | 10 | 11 | 12 | 13 | 14 | 15 | 16 | 17 | 18 | 19 | 20 | 21 | 22 | 23 | 24 | 25 | 26 | 27 | 28 | 29 | 30 | 31 | 32 | 33 | 34 | 35 | 36 | 37 | 38 | 39 | 40 | 41 | 42 | 43 | 44 | 45 | 46 | 47 | 48 | 49 | 50 | 51 | 52 | 53 |
|---|---|---|---|---|---|---|---|---|---|---|---|---|---|---|---|---|---|---|---|---|---|---|---|---|---|---|---|---|---|---|---|---|---|---|---|---|---|---|---|---|---|---|---|---|---|---|---|---|---|---|---|---|---|
| 正 | | | | | | | | | | | | | | | | | | | | | | | | | | | | | | | | | | | | | | | | | | | | | | | | | | | | | |
| 誤 | | | | | | | | | | | | | | | | | | | | | | | | | | | | | | | | | | | | | | | | | | | | | | | | | | | | | |

| 問 | 54 | 55 | 56 | 57 | 58 | 59 | 60 | 61 | 62 | 63 | 64 | 65 | 66 | 67 | 68 | 69 | 70 | 71 | 72 | 73 | 74 | 75 | 76 | 77 | 78 | 79 | 80 | 81 | 82 | 83 | 84 | 85 | 86 | 87 | 88 | 89 | 90 | 91 | | | 92 | | | 93 | | | 94 | | | 95 | | |
|---|---|---|---|---|---|---|---|---|---|---|---|---|---|---|---|---|---|---|---|---|---|---|---|---|---|---|---|---|---|---|---|---|---|---|---|---|---|---|---|---|---|---|---|---|---|---|---|---|---|---|---|---|
| | | | | | | | | | | | | | | | | | | | | | | | | | | | | | | | | | | | | | | (1) | (2) | (3) | (1) | (2) | (3) | (1) | (2) | (3) | (1) | (2) | (3) | (1) | (2) | (3) |
| 正 | | | | | | | | | | | | | | | | | | | | | | | | | | | | | | | | | | | | | | | | | | | | | | | | | | | |
| 誤 | | | | | | | | | | | | | | | | | | | | | | | | | | | | | | | | | | | | | | | | | | | | | | | | | | | |

第 回

| 問 | 1 | 2 | 3 | 4 | 5 | 6 | 7 | 8 | 9 | 10 | 11 | 12 | 13 | 14 | 15 | 16 | 17 | 18 | 19 | 20 | 21 | 22 | 23 | 24 | 25 | 26 | 27 | 28 | 29 | 30 | 31 | 32 | 33 | 34 | 35 | 36 | 37 | 38 | 39 | 40 | 41 | 42 | 43 | 44 | 45 | 46 | 47 | 48 | 49 | 50 | 51 | 52 | 53 |
|---|---|---|---|---|---|---|---|---|---|---|---|---|---|---|---|---|---|---|---|---|---|---|---|---|---|---|---|---|---|---|---|---|---|---|---|---|---|---|---|---|---|---|---|---|---|---|---|---|---|---|---|---|---|
| 正 | | | | | | | | | | | | | | | | | | | | | | | | | | | | | | | | | | | | | | | | | | | | | | | | | | | | | |
| 誤 | | | | | | | | | | | | | | | | | | | | | | | | | | | | | | | | | | | | | | | | | | | | | | | | | | | | | |

| 問 | 54 | 55 | 56 | 57 | 58 | 59 | 60 | 61 | 62 | 63 | 64 | 65 | 66 | 67 | 68 | 69 | 70 | 71 | 72 | 73 | 74 | 75 | 76 | 77 | 78 | 79 | 80 | 81 | 82 | 83 | 84 | 85 | 86 | 87 | 88 | 89 | 90 | 91 | | | 92 | | | 93 | | | 94 | | | 95 | | |
|---|---|---|---|---|---|---|---|---|---|---|---|---|---|---|---|---|---|---|---|---|---|---|---|---|---|---|---|---|---|---|---|---|---|---|---|---|---|---|---|---|---|---|---|---|---|---|---|---|---|---|---|---|
| | | | | | | | | | | | | | | | | | | | | | | | | | | | | | | | | | | | | | | (1) | (2) | (3) | (1) | (2) | (3) | (1) | (2) | (3) | (1) | (2) | (3) | (1) | (2) | (3) |
| 正 | | | | | | | | | | | | | | | | | | | | | | | | | | | | | | | | | | | | | | | | | | | | | | | | | | | |
| 誤 | | | | | | | | | | | | | | | | | | | | | | | | | | | | | | | | | | | | | | | | | | | | | | | | | | | |

第 回

| 問 | 1 | 2 | 3 | 4 | 5 | 6 | 7 | 8 | 9 | 10 | 11 | 12 | 13 | 14 | 15 | 16 | 17 | 18 | 19 | 20 | 21 | 22 | 23 | 24 | 25 | 26 | 27 | 28 | 29 | 30 | 31 | 32 | 33 | 34 | 35 | 36 | 37 | 38 | 39 | 40 | 41 | 42 | 43 | 44 | 45 | 46 | 47 | 48 | 49 | 50 | 51 | 52 | 53 |
|---|---|---|---|---|---|---|---|---|---|---|---|---|---|---|---|---|---|---|---|---|---|---|---|---|---|---|---|---|---|---|---|---|---|---|---|---|---|---|---|---|---|---|---|---|---|---|---|---|---|---|---|---|---|
| 正 | | | | | | | | | | | | | | | | | | | | | | | | | | | | | | | | | | | | | | | | | | | | | | | | | | | | | |
| 誤 | | | | | | | | | | | | | | | | | | | | | | | | | | | | | | | | | | | | | | | | | | | | | | | | | | | | | |

| 問 | 54 | 55 | 56 | 57 | 58 | 59 | 60 | 61 | 62 | 63 | 64 | 65 | 66 | 67 | 68 | 69 | 70 | 71 | 72 | 73 | 74 | 75 | 76 | 77 | 78 | 79 | 80 | 81 | 82 | 83 | 84 | 85 | 86 | 87 | 88 | 89 | 90 | 91 | | | 92 | | | 93 | | | 94 | | | 95 | | |
|---|---|---|---|---|---|---|---|---|---|---|---|---|---|---|---|---|---|---|---|---|---|---|---|---|---|---|---|---|---|---|---|---|---|---|---|---|---|---|---|---|---|---|---|---|---|---|---|---|---|---|---|---|
| | | | | | | | | | | | | | | | | | | | | | | | | | | | | | | | | | | | | | | (1) | (2) | (3) | (1) | (2) | (3) | (1) | (2) | (3) | (1) | (2) | (3) | (1) | (2) | (3) |
| 正 | | | | | | | | | | | | | | | | | | | | | | | | | | | | | | | | | | | | | | | | | | | | | | | | | | | |
| 誤 | | | | | | | | | | | | | | | | | | | | | | | | | | | | | | | | | | | | | | | | | | | | | | | | | | | |

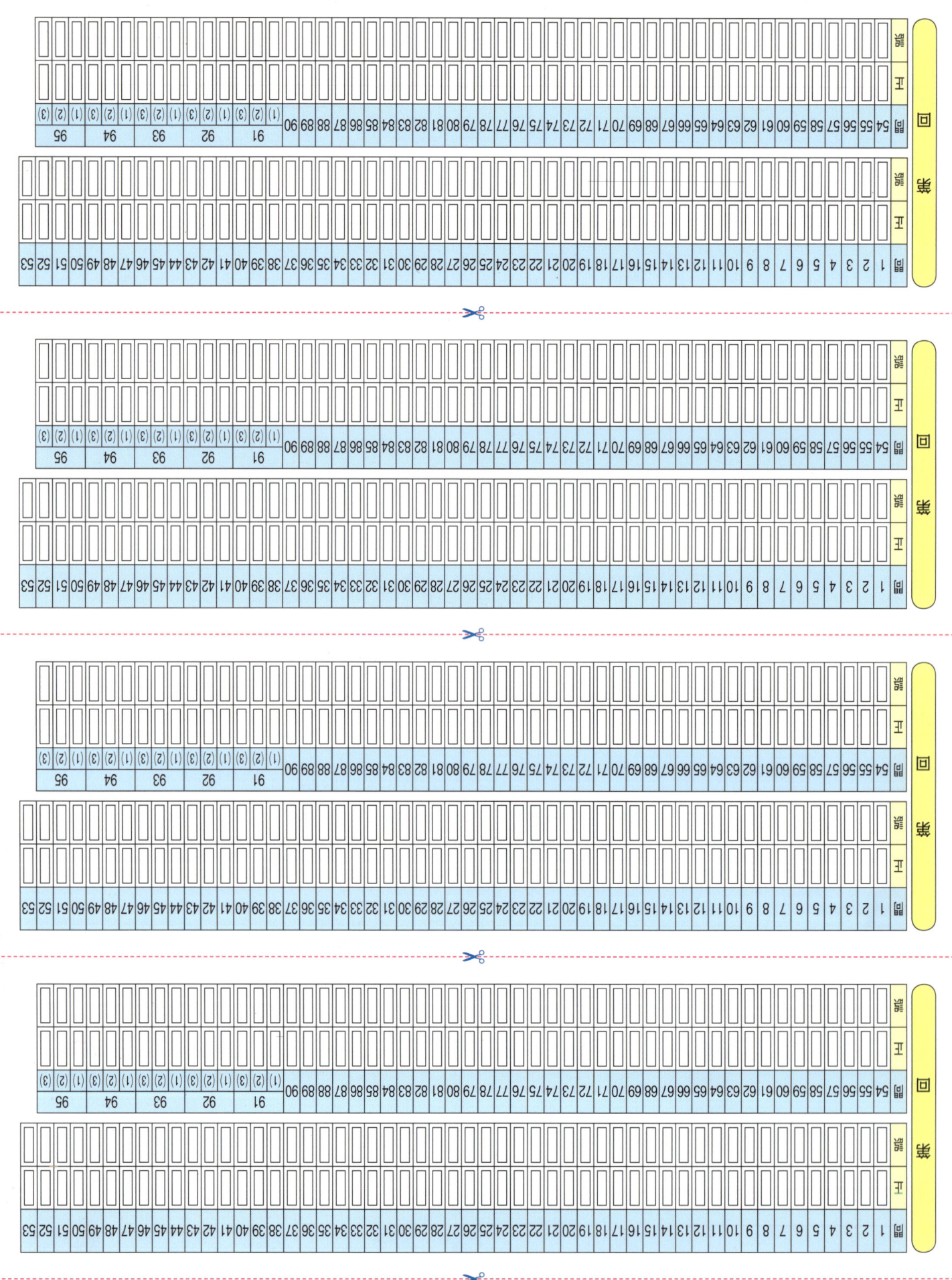